轻食简餐

LIGHT MEALS | VARIED SALADS

百变沙拉

让我们开始吧！
越吃越健康的沙拉，奇迹从此诞生！

在过去的 8 年间，我通过烹饪结识了许多朋友，有想减肥而对沙拉产生兴趣的 20 多岁女大学生，也有为了全家健康而想学习沙拉制作方法的 30 多岁家庭主妇。虽然大家的年龄和想学的内容都各不相同，但大家的苦恼都差不多——做沙拉时，无论是选择食材、制作调味汁，还是寻找配方，都真的太难了！

得知她们的苦恼后，我总会这样跟她们说："说到沙拉，你们脑海中最先出现的是什么呢？是西餐厅里展示的那些沙拉吗？当我没有胃口时，我首先想到的是凉拌黄瓜和凉拌野菜，而不是那些盛放在白色餐盘里的令人赏心悦目的沙拉。"

洗菜、切菜、淋调味汁、搅拌……
仔细观察沙拉的制作过程，你会发现其实沙拉和我们平日里常吃的凉拌菜挺像的。抛弃了对沙拉的固有认知后，做沙拉的苦恼就会被不断产生的好奇心和完成沙拉后的成就感所代替。

你们可能会问："在日常生活中，怎样才能做出对身体有益的美味沙拉呢？"其实，只要利用好那些在冰箱里很容易就能找到的食材，分分钟就能做出一盘简单、美味的沙拉。为了尽可能做到不浪费食材，我整理了一些挑选、处理、保存食材的小技巧。不仅如此，我还整理了一些在烹饪过程中绝对不能忽视的细节，以及用做沙拉剩下的食材做果汁和三明治等的方法。

　　无论食材是什么，只要按照白砂糖：食醋：盐＝2：4：1这一黄金比例来调制调味汁，味道一定正好。酱油、大酱、辣椒酱、芝麻油，利用这些厨房里常见的调味料就能轻松调制出美味的调味汁。如果你还不知道该怎样调制你想要的味道，可以参考本书的第二部分。从每天吃都不会腻烦的日常调味汁，到根据不同食材和口味特制的调味汁，有关调味汁的一切都在本书中。

　　5分钟就能做好的简单沙拉、当一道菜来享用的沙拉、由低热量食材制成的减肥沙拉、作为小菜和饭菜搭配享用的韩式沙拉、易错过的基本沙拉，这些沙拉你都可以在这本书里找到。

　　如果你仍觉得沙拉很陌生或者制作起来很困难，那么可以通过这本书慢慢开始了解沙拉。相信你用心制作的沙拉，是绝对不会输给餐厅里或美国电视剧《欲望都市》里的早午餐沙拉的。希望你们能感受到我的真心。

金焕斌

CONTENTS

PART 1 做沙拉的准备

PART 2 做调味汁的准备

PART 3 淋一淋，拌一拌，结束！
简单沙拉

PART 4 一道营养丰富
的沙拉

PART 5 简单的、让人毫无负担感的
减肥沙拉

PART 6 餐桌上的爽口小菜！
韩式沙拉

PART 7 易错过的初尝试！
基本沙拉

蔬菜、水果、肉类、海鲜

活用各种沙拉食材

PART 1

做沙拉
的准备

做沙拉的基本法则

制作美味沙拉的 5 个基本法则！
只要遵循基本法则，无论制作什么沙拉都不会失败。

01

利用多种烹饪方法

每天要把制作沙拉用的蔬菜煮熟，或者每顿都吃沙拉的话，不免有些腻烦。但如果利用汆、炒、烤、煮等多种烹饪方法，一成不变的沙拉就会有许多不同的口味。即使是每天都吃的蔬菜，吃起来也会有全新的感觉。

02

需要除去沙拉里的水

为了除去残留农药或其他污染物，制作沙拉用的蔬菜要用水多次冲洗。洗后的蔬菜一定要尽量沥干水分后再使用。虽然有水分的蔬菜看上去会更新鲜，但水分会影响调味汁的味道，而且会使蔬菜更容易烂。可以利用厨房纸吸去蔬菜上的水分。

03

注意主、副食材，
调味汁及容器的温度

酸甜的调味汁在冷的时候味道最好，冷藏保存的水果在从冰箱里拿出后，一会儿再吃会更甜。趁冷吃的沙拉，要用冷盘装，所以需要提前把盘子放到冰箱里。趁热吃的沙拉，要用热盘装，最好提前将盘子稍稍加热。

04

充分考虑各食材是否搭配，
各食材与调味汁是否搭配

如果制作沙拉的各种食材颜色单调或味道较淡，那么淋上颜色鲜艳、味道较重的调味汁就能大大增加食欲。如果沙拉里放入了较甜的水果，那么搭配上凉凉的苦苣菜或咸咸的海鲜，水果的甜味会更明显。气味较重的蔬菜可以搭配海鲜或肉类，味道和气味都比较平淡的蔬菜可以搭配腥味和膻味相对较轻的家禽肉。

05

食用前淋调味汁，
并轻轻搅拌

在提味后过度搅拌生的蔬菜，会导致蔬菜变软并开始腐烂。所以，最好等到快要吃的时候再淋调味汁，并轻轻搅拌。

挑选食材的技巧

从蔬果到肉类、海鲜，制作沙拉的食材种类繁多。

为了健康，挑选食材时首先要考虑的是食材的营养价值以及新鲜度。

❶ 以时令蔬果为主

时令蔬果经过漫长岁月的进化考验后，携带符合在特定季节生长的基因，因而味道及营养更加丰富，且对农药和化学肥料的依赖更小。夏季的时令番茄与冬季的温室番茄相比，前者的番茄红素含量要高 4 倍。而且即使不借助调味汁，时令蔬果也甜爽可口、非常健康。但是在蔬菜价格较高的冬季，不要执着于只选择新鲜蔬菜，也可以用冬储的大白菜或萝卜等做一盘美味的沙拉。

❷ 相较于切好的食材，请购买完整的食材

在单身族与小家庭日益增多的今天，人们可以非常方便地购买到一人份的或已经切好的食材。但是，蔬果去皮或切开后，其维生素就开始流失。市面上销售的已经切好的蔬果，其维生素含量降低了，而且存在细菌滋生、甜味流失等问题。与完整的蔬果相比，切好的蔬果的味道和营养价值都大打折扣。虽然去皮比较麻烦，但仍建议大家购买带泥的胡萝卜和马铃薯、带根的菠菜、整棵的大白菜、未去皮的菠萝和甜瓜等。

③ 请尽量不要选用带较多水分的叶菜

如果把带较多水分的叶菜装到袋子中再放入冰箱里保存，你会发现菜叶很容易就烂了。反而是那些看上去稍微有点儿蔫且水分较少的叶菜，无论是在保存时间上，还是在新鲜度上，都更胜一筹。不要购买那些已经除去根茎的或已经变色的叶菜。

④ 购买不同颜色的蔬果

蔬果的种类和颜色不同，所含的营养成分和发挥的功效也不同。黄绿色蔬果的维生素 C 及 β- 胡萝卜素的含量比淡色蔬果更高，而淡色蔬果中含有黄绿色蔬果中没有的营养成分。如果想要均衡摄取维生素、矿物质等，就不能偏食，要均衡地吃各种蔬菜。例如菠菜和胡萝卜，虽然同属黄绿色蔬菜，但其营养成分和口感大有不同。从营养学角度来看，建议每天摄入淡色蔬菜 200g，黄绿色蔬菜 100 ～ 150g。

⑤ 买菜时要考虑与其他食物的搭配

虽然以蔬果为主的沙拉有益于身体健康且营养丰富，但如果只吃沙拉，很容易引起营养不均。建议大家均衡摄入五大类食物。搭配肉类、鱼类、坚果类、谷物类等一起吃，沙拉才能发挥出其最强的营养功效。举例来说，紫苏叶如果和牛肉搭配着吃，紫苏叶中的维生素和矿物质更易被身体吸收，牛肉中的胆固醇含量也能得到降低，且牛肉还能提供紫苏叶所缺少的脂肪和蛋白质。另外，减肥期间如果只吃沙拉，凉性蔬菜的凉气便会在体内积聚，导致体质变弱，新陈代谢能力下降。所以，凉性蔬菜应该搭配温性蔬菜或肉类、坚果类等一起食用。

处理食材的技巧

即使用相同的食材，制作出来的沙拉的味道也会不同，这是为什么呢？
答案就在于处理食材的技巧。
现在，为大家公开能 100% 保留食材原味的处理技巧。

① 不要将蔬菜长时间泡在水中

为了使沙拉口感鲜脆，很多人会把蔬菜切成丝或合适的大小后再泡入水中。但如果泡的时间太久，蔬菜中的水溶性营养成分会溶解在水中，蔬菜特有的香味也会流失。为保留蔬菜的营养和味道，可将整棵蔬菜浸入水中，食用前再做其他处理，或者把切好的蔬菜稍微用水冲一下即可。

② 先处理需要腌制的蔬菜，用盐提味后，除去表面的盐并沥干水分

虽然很多人会有这样的疑问——新鲜的蔬菜怎么还需要腌制呢？但事实上，用蛋黄酱调味的基本沙拉中的蔬菜，稍微腌制一下并沥干水分后再吃会更美味。腌制蔬菜时，先用盐提味，再洗去表面的盐，最后充分沥干水分。蔬菜表面的盐会使蔬菜产生苦味，妨碍调味汁入味，所以一定要洗去。

③ 需要煮熟或氽的食材要提前处理

一般来说，甜南瓜、马铃薯、红薯等食材煮熟后，要捣烂或切成一定大小。如果在冷吃的沙拉中放入还未冷却的食材，那么食材的热气会弄熟较薄的叶菜，令口感变差，使食材本身的味道不能完全保留。所以，在放这些煮熟了或氽过的食材前，先要将它们冷却。

④ 口感较硬的食材要先调味

像洋白菜、苦苣菜这些叶菜，淋上调味汁后能很快入味，但像红薯、马铃薯、甜南瓜这些口感较硬的食材，淋上调味汁后入味很慢。如果把这两类食材混在一起后淋调味汁，由于它们各自入味的速度不同，就会出现有的味道正好，有的还未入味的情况。因此，应该先给口感较硬的食材调味或淋汁，让味道均匀渗入食材中。

⑤ 氽叶菜时，水量要充足，时间不宜过长

氽叶菜时，很多人因为担心叶菜中的营养成分会流失到水中，所以氽蔬菜的水故意放得很少。用较少的水氽蔬菜需要更多的时间，反倒使营养成分流失得更多，而且农药或重金属等有害物质在水中的浓度也高。快速将整棵蔬菜放入足量的开水中氽一下再马上捞出，这样不仅可以减少蔬菜营养成分的流失，还能较好地保留蔬菜原来的味道。有根茎的蔬菜，摘掉侧叶后再用水氽根茎部位。氽大部分蔬菜时，应将组织较硬的部位先放入开水中，这样最后捞出时整棵蔬菜熟的程度才均匀。

⑥ 肉类要除去血水后再提味

肉的血水是导致腥味和膻味的原因，如果不除去血水直接烹饪，不仅肉有腥味和膻味，而且调料的味道也难以渗入。肉类处理不好，会使沙拉因腥味和膻味太重而口感变差。很多人觉得反正沙拉是要淋调味汁调味的，所以可能会忽视给肉类提味。而事实上，给肉类提味不仅可以预防腥味和膻味，还能让调味汁更好地入味。

保存食材的技巧

虽然大家都希望食材能保存得更久一些，但实际上最后丢掉的食材会比吃掉的更多。

如果我们知道一些能让食材保存得更久的技巧，那么冰箱冷藏室和冷冻室的压力也能大大减少。

① 食材不要长期保存在冰箱中

处理后剩余的食材基本都会被保存在冰箱里，因为很多人认为冰箱可以让食物保鲜。但与新鲜的蔬菜相比，长时间保存在冷藏室或冷冻室的食物营养物质被破坏得更多。蔬菜在采收之后，维生素和矿物质开始流失，保存时间越长，营养流失越多，味道和口感也大不如前。而且像芦笋、西蓝花这样的蔬菜，如果长时间放在冰箱里，苦味就会加重，之后无论怎么烹饪，味道都不会好。不要把冰箱塞得满满的，要经常清理冰箱，这样才能防止以上情况发生。

② 冷冻保存时，按一次的食用量分袋速冻

随着小家庭的普遍化，即使买少量的蔬菜，也很难一次性吃完。一般人们会将蔬菜汆过后进行冷冻，按一次的食用量分袋包好后冷冻保存，这样冷冻的速度会更快。只有冷冻的速度够快，食物中的水分才能瞬间结晶，这样才能保留食物固有的味道。而且按一次的食用量冷冻的话，解冻起来时间更短、更方便。

③ 蔬果有蒂或叶子的一端朝上，竖着存放

蔬果也受重力的影响，与平着存放相比，将蒂或叶子朝上，竖着存放能使蔬果的新鲜状态维持得更久。而且，蔬果在冰箱中也进行呼吸作用，所以不要放得太密，要稍微留些空隙。

④ 提前 30 分钟至 1 小时将水果从冰箱里取出

除了香蕉、桃这些放在冰箱里会变黑的水果以外，大部分水果宜放入冰箱保存。虽然凉凉的水果吃起来很爽口，但大部分水果在温度较高时味道和香味更浓。提前 30 分钟至 1 小时将水果从冰箱里取出，这样做出的沙拉整体口感会更好。尤其是那些用来做调味汁的水果，要更早一点儿从冰箱里取出。

⑤ 带泥保存或用浸湿的厨房纸包裹

建议购买带泥土或带根的蔬菜。食用前，将有根的蔬菜稍微浸一下水，蔬菜就会马上新鲜起来。如果蔬菜缺水，可以用浸湿的厨房纸包裹后保存。

勺子、纸杯计量法

如果计量失败，那食谱还有什么用呢？
现在为大家介绍利用饭勺和纸杯计量的方法。

勺子计量法

粉末状材料

1大勺
　普通勺子满满1勺（相当于1.5平勺）

1小勺
　普通勺子0.5勺左右

液体状材料

1大勺
　普通勺子平口2勺左右

1小勺
　普通勺子平口1勺左右

固体状材料
（芥末酱、大酱、辣椒酱等）

1大勺
　普通勺子满满1勺（相当于1.5平勺）

1小勺
　普通勺子0.5勺左右

纸杯计量法

粉末状材料

1杯（200ml）
纸杯盛满的程度

1/2杯（100ml）
纸杯盛一半的程度

基本用具

这里介绍的用具虽然不需要样样备齐，但有的话会方便很多。
可以活用以下五种基本用具来处理食材、做调味汁以及搅拌沙拉。

蔬菜除水机

　　泡过水的蔬菜刚拿出来时表面有很多水，如果直接用来拌沙拉，就会使沙拉味道淡，不好吃。把蔬菜放在蔬菜除水机内转动，可以除去蔬菜上的水。家里如果没有蔬菜除水机，可以用筛子或菜筐除水。

切丝刀

　　对刀工不熟练的人来说，要想把食材切得薄薄的、美美的，那么切丝刀是必不可少的。用切丝刀切出来的食材厚度一致、形状好看、整整齐齐。

刮皮刀

　　给马铃薯、胡萝卜、牛蒡等食材刮皮或除去粗硬的纤维时，需要用到刮皮刀。黄瓜、胡萝卜、牛蒡等蔬菜不宜用刀去皮，而应使用刮皮刀薄薄地去皮。去皮、泡水后再烹饪，可使蔬菜的口感更加鲜脆。

沙拉碗

　　沙拉碗宜选用稍大的，这样放入食材后才能充分搅拌，且食材不至于因被挤压而变形。透明美观的沙拉碗直接放在餐桌上，看上去就让人很有食欲。

打蛋器、调味瓶

　　将所有调味料放入碗中制调味汁时，利用打蛋器可以使糖、盐等快速溶解，非常便利。

　　调味瓶可以用于晃匀调味料，还能用来存放剩余的调味汁。

 # 常用于制作沙拉的食材

可用于制作沙拉的食材比我们想象中的更加丰富多样。除了果实类、根菜类、茎叶类蔬菜，还有水果、肉类、鱼类、贝类等，这些都可以用于制作沙拉。我们餐桌上的凉拌豆芽、凉拌白菜等食物，也能作为制作沙拉的食材。如果家里有这些食材，就能很轻松地制作出一盘沙拉。现在我们一起来了解一下这些食材吧。

蔬果类、菌菇类

 ### 卷心菜

挑选：分量重、颜色较深的卷心菜，整棵购买。

注意：根部变成粉红色或褐色的卷心菜，内部可能已经不新鲜。

处理：切成合适的大小后用凉水浸泡，再沥干水分。

保存：根部用湿的厨房纸包裹、叶子用干厨房纸包裹后放入保鲜袋中，可冷藏保存7～10天。

 ### 莜麦菜

挑选：叶子嫩绿、直挺挺的，整棵饱满的。

处理：切成合适的大小或整棵用凉水浸泡，再沥干水分。

保存：整棵用厨房纸包裹后放入保鲜袋中，竖着冷藏保存。

 ### 芹菜

挑选：短于25cm、根部未腐烂的。

处理：掐掉叶子，掰成一根根后剥去含较多纤维的较粗茎部，切成丝或斜切后用凉水浸泡，再沥干水分。

保存：不能沾水，用干厨房纸包裹后竖着冷藏保存。

 ### 红叶生菜

挑选：叶子饱满、有分量的。不要买叶子边缘腐烂或破碎的。

处理：切成合适的大小后用凉水浸泡，再沥干水分。

保存：不能沾水，用湿厨房纸包裹后放入保鲜袋中冷藏保存。

 ### 芥菜

挑选：叶子嫩绿、茎叶有劲、纹路清晰的。

处理：用流水冲洗，切成合适的大小，稍微用凉水浸泡后再沥干水分。

保存：用厨房纸包裹后放入保鲜袋中冷藏保存。

 ### 西蓝花、花椰菜

挑选：花苞小、花没有开太多且没有变黄的。

处理：洗净后切除茎，按合适的大小把花球掰开，用煮开的盐水汆一下，再用凉水浸泡，最后沥干水分。

保存：放在密闭容器中保存。

注意：冷藏可保存1周，冷冻可保存1个月。

芦笋
挑选：整体颜色鲜艳、外形坚挺、不大不小的。

处理：除去较硬的底端部分和鳞状茎。

保存：用厨房纸包裹后冷藏保存或用开水氽过后冷冻保存。保存时间越长，苦味越重，所以要尽早食用。

注意：白芦笋在见光后会变紫发苦，所以保存时要格外注意。

小松菜
挑选：叶子饱满但不太大、有光泽的。

处理：掰成一片片后用凉水浸泡，再沥干水分。

保存：不要沾水，用厨房纸包好后放入保鲜袋中，竖着冷藏保存。

注意：存放时间过久会变成蜡黄色，宜1周内食用。

芝麻菜
挑选：菜叶颜色鲜艳、菜茎壮实的。

处理：茎易断，在水中轻轻甩洗，沥干水分后再使用。

保存：用湿厨房纸包裹后保存。

洋葱
挑选：圆形、皮有光泽、不湿的。

处理：剥皮后切成丝、半圆片或环，再用凉水浸泡，沥干水分后使用。

保存：置于通风好的地方常温保存。

马铃薯、红薯
挑选：洗过的马铃薯和红薯容易长芽、腐烂，买带泥的更好。

处理：去皮后切成合适的大小，用凉水浸泡除去淀粉后烹饪。

保存：放入冰箱里冷藏会被冻伤，所以宜室温保存。

甜南瓜
挑选：表皮沟壑明显、深绿色，分量重的。

注意：如果马上就吃，建议购买表皮稍带褐色的，这样的甜南瓜含糖量更高。

处理：去皮、去籽，切成合适的大小后用蒸锅煮，或整个蒸熟后再切成合适的大小。

保存：完整的甜南瓜不要用水浸泡，宜室温保存。处理后的甜南瓜宜冷藏保存。若想保存得更久，可带皮煮熟后冷冻保存。

黄瓜、胡萝卜、萝卜
挑选：表皮有光泽的。黄瓜选表皮突起、新鲜的，胡萝卜和萝卜选未洗过、带泥的。

处理：黄瓜、胡萝卜、萝卜等皮厚且硬挺的蔬菜用盐腌制后再洗净。

保存：黄瓜、洗过的胡萝卜和萝卜要冷藏保存，带泥的胡萝卜和萝卜可避光后在室温下保存。

苹果
挑选：与光泽过亮的相比，颜色深或看上去稍微有些粗糙的更好。

处理：带皮洗净后去籽并切成合适的大小。

保存：熟的苹果会释放出有催熟作用的乙烯，所以不要将苹果和其他易熟的蔬果放在一起保存。

菌菇类
挑选：形状完好、坚挺，表面没有白色或黄色孢子和霉斑。干蘑菇要选颜色亮、形状完整的。

处理：不要用水洗，要用湿厨房纸或棉棒轻轻擦拭，再切成合适的大小后使用。

保存：竖着冷藏保存。

提升蔬果味道的配料

菠萝

挑选：用手指按压后会稍稍陷进去、下面呈黄色、冠状部位新鲜的。

注意：有伤的或黏黏的说明已经熟透了，不宜购买。

处理：切掉冠状部位，剥去皮和芯后切成合适的大小。

保存：置于密闭容器中冷藏。

梨

挑选：果皮无伤痕、蒂头新鲜、没有压痕或烂的部分、表皮颜色深、圆圆的。

处理：去皮、去籽后，切成片或合适的大小。

保存：带皮冷藏保存。

香蕉

挑选：马上吃的话，挑选皮上带黑点的。要放一段时间再吃的话，挑选皮和蒂较硬、带绿色、分量较重的。

处理：剥皮后切掉两端1cm的果肉，再生吃或煮熟后吃。

保存：不要压到底部，带着蒂头在室温下保存。

草莓

挑选：草莓易腐烂，所以一次只买食用一次的分量。

处理：用放有少量的食用小苏打或食醋的水浸泡，再用凉水冲洗。

保存：洗过的草莓需在当天食用，未洗过的草莓可以在冰箱里冷藏保存1～2天。如果想长期保存，则需要清洗后速冻。

鸡肉

挑选：皮和肉有弹性、有光泽的。

注意：有淤血或呈灰色的鸡肉不宜购买。

处理：切成合适的大小，调味后再煎、煮或蒸熟。

保存：剩余的鸡肉按食用一次的量分开包装后冷冻保存。

推荐！ **鸡胸肉罐头**

买了鸡肉后还要处理，是不是很麻烦？你可以选择无须处理和烹饪就能用来制作沙拉的鸡胸肉罐头。鸡胸肉罐头不仅可以用来制作沙拉，还可用于制作炒饭、小菜等。

猪肉

挑选：肉呈浅粉色、脂肪呈白色、硬挺的。猪肉感染细菌及腐败的速度是牛肉的3倍，所以尽量一次只买食用一次的量。

注意：表面呈暗红色或绿色，或者夹杂血液或异物的猪肉很有可能已经腐败，不宜购买。

处理：切成合适的大小，调味后再煎、煮或蒸熟。

保存：按食用一次的量分装在保鲜袋中，冷藏或冷冻保存。

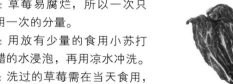

牛肉

挑选：脂肪均匀分布在肉质中（大理石纹路）、呈鲜红色、表面有光泽和弹性的。由于脂肪难以分离，长期保存可能酸化，所以尽量一次只买食用一次的量。

处理：切成合适的大小，调味后再煎、煮或蒸熟。

保存：放入保鲜袋中冷冻保存，并标记上部位及用途。

金枪鱼

挑选：冷冻金枪鱼选颜色鲜艳、纹路清晰的。如果购买金枪鱼罐头，需要看清楚生产日期及添加剂成分。

处理：将冷冻金枪鱼放入淡盐水中浸泡 10 ~ 15 分钟，再用棉布或厨房纸包裹后放入冰箱中腌制。如果是金枪鱼罐头，需要用开水淋一下。

保存：还未解冻的冷冻金枪鱼需冷冻保存，剩余的金枪鱼罐头可倒入密闭容器中冷藏保存 1 周左右。

> 推荐! **金枪鱼罐头**
>
> 你可以选择一款值得信赖的金枪鱼罐头，方块形的金枪鱼和沙拉尤其搭配。好的金枪鱼罐头肉质柔软不肥腻，味道清淡，男女老少都适宜享用。而且它富含二十二碳六烯酸（docosahexaenoic acid，DHA，俗称脑黄金）、Omega-3，有利于孩子成长。每 100g 金枪鱼所含的热量相当低，因而也建议将其用作减肥食材。

三文鱼

挑选：肉质坚挺、呈橙红色、皮有光泽的。如果购买冷冻三文鱼，要看清楚是否加盐及是否是速冻产品。做熏三文鱼需要用三文鱼段。

处理：三文鱼油多，吃起来可能会感觉油腻，所以可以先淋柠檬汁提味，再烤、蒸或者熏熟后吃。

保存：剩余的三文鱼需冷冻保存。

意大利面

挑选：尽量挑选最新生产的。

处理：一般比包装上标注的建议烹煮时间多煮 2 ~ 3 分钟。

保存：置于干燥处密封保存。

谷类、豆类

挑选：由于谷类未完全去壳，最好选用没有农药残留的有机产品或无农药产品。

处理：洗净并充分吸收水分后煮熟或蒸熟。

保存：置于冰箱等湿度适宜、凉爽的地方密封保存。

坚果类

挑选：不要购买经过加工或已经去壳的坚果，带壳的坚果一次不要购买太多。

处理：核桃或板栗洗净后去外壳。

保存：脂肪遇空气会酸化，所以去壳后的坚果一定要放在密闭容器中保存。

> 推荐! **核桃**
>
> 核桃中对心脏有利的不饱和脂肪酸 Omega-3 的含量比其他坚果多得多，而且核桃内还含有人体不能直接生产、只能通过摄取食物而获得的 α - 亚麻酸（alpha-linolenic acid，ALA）及 DHA，所以核桃是一种健康食材。

请参考"做调味汁的准备"进行制作

利用家中常见的调味料制作独特的调味汁！

做调味汁
的准备

做调味汁的基本法则

是按照白砂糖：食醋：盐 = 2：4：1 的比例调配吗？
是的，这样就能调配出美味的调味汁啦！

01

用米醋或白醋调出酸味

与味道较重的果醋相比，味道单纯的米醋或白醋更适合用来调配酸味，也更能让主食材发挥其特有的风味。

如果想让调味汁有水果的味道，该怎么做?
市面上销售的果醋一般都添加了果香，但缺乏果味。如果想拥有水果原有的风味，可以将水果捣碎或挤成汁后放入调味汁中。

02

酸味与甜味的合适比例为
2：1

调配调味汁时，酸味与甜味的合适比例为2：1，即如果食醋放1单位，那么白砂糖应该放1/2单位。由于蜂蜜比白砂糖更甜，所以要放得更少。枫糖浆、龙舌兰糖浆、低聚糖等的甜度不同，调味时一边尝味道，一边一点点放入。

03

咸味与甜味的合适比例为
1：2～1：3

即使甜味和酸味刚刚好，但如果与调味汁的整体味道不协调，也无法制作出美味的沙拉。如果用酱油来调咸味，则其使用量与甜味调味料使用量相同或是甜味调味料使用量的1/2左右。如果用盐或大酱来调咸味，则其使用量为甜味调味料使用量的1/3～1/2时整体味道最协调。如果用鱼露，请先用水稀释。

> **调味汁基本公式**
> 白砂糖：食醋：盐 = 2：4：1

04

**用蔬果做调味汁时，
需要放入其体积1/2左右的液体调味料**

将水果或蔬菜切成块后放入搅拌机中，再加入其体积1/2左右的液体调味料。这样才能使蔬果充分搅拌，并最大限度地凸显其独有的味道。如果水放得太多，则调味汁过稀；如果水放得太少，则蔬果的味道不能完全凸显。

05

**做水果调味汁时，
放入其体积1/6～1/4的洋葱**

用水果做调味汁时，水果的甜味和香味过重会影响调味汁的整体风味，为了减少水果的甜味和香味并提升食欲，用搅拌机搅拌时可以放入水果体积 1/6 ～ 1/4 的洋葱。这样就能中和水果的味道，使做出的调味汁和任何食材都很相配。

06

**用柠檬汁时，
再加入适量的食醋**

柠檬汁清香爽口的味道可以提升沙拉的口感，但是柠檬汁有挥发性，它的酸味会马上消散。如果再加入等量或其一半量的食醋，不仅可以凸显柠檬汁的风味，还能维持酸味。

07

**将芝麻油或紫苏籽油与等量的食
用油混合后再使用**

芝麻油或紫苏籽油具有独特的香味，如果其放入的量和普通食用油一样多，会影响调味汁的整体风味。将其与等量的食用油混合后再使用，可以减少苦味和较重的香味，制作出有淡淡清香的调味汁。

调味汁的调配技巧

只要将调味料混合均匀就算调配完调味汁了吗？通常这样调配出来的调味汁不是味道不对或浓度不对，就是量过多或不够。下面为大家介绍不会失败的调味汁调配技巧，记住这些技巧后，一定要亲自做一做哦！

❶ 先等盐和糖溶化，最后放食用油

由于食用油会上浮，与其他调味料不能充分混合，所以如果盐和糖还没有完全溶化就放入食用油，则调味汁味道不均且油腻。在其他调味料都混合均匀后，再放入食用油，才能调配出所有调味料的味道都协调的调味汁。

❷ 如果放入了有香味的蔬果，需再多放一点儿酱油或盐

放入了蔬果的调味汁，一开始味道正合适，但随着蔬果被浸渍，整体味道会变淡。将蔬果搅拌或捣碎后使用时，请再多放一点儿酱油或盐来增加咸度。

❸ 水果调味汁用搅拌机搅拌好以后，需再调一次味

即使是同一种水果，它们的甜度和酸度也都有所不同。有的太甜，有的只有酸味，也有甜度和酸度正好的。将基本材料都放入搅拌机中搅拌后，需要再加一点儿食醋或白砂糖来调整整体的甜度和酸度。

④ **以蔬菜为主的沙拉，调味汁需要多做一些**

在食用一般的沙拉和米饭或面包时，会觉得沙拉的味道太淡或调味汁不足。调配调味汁时，需要多做一些，这样搭配饭菜时才不会觉得调味汁太淡或不足。以蔬菜为主的沙拉，因蔬菜从水中捞出后体积会有所增加，所以调味汁可能会不足。所以，对于以蔬菜为主的沙拉，其调味汁最好为平常量的1.2～1.3倍。

⑤ **使用辣椒酱、大酱、辣椒粉等调味料调制**

即使再怎么喜欢吃蔬菜，如果每天吃的调味汁都是一样的，也肯定会想念别的味道。你可以尝试搭配东方式的调味料，制作出让人想到有点儿辣的凉拌菜、咸咸的酱菜味道的调味汁。

⑥ **柠檬皮和橙子皮不要丢掉，要好好利用**

如果能好好利用柠檬皮和橙子皮，就能在不浪费食材的同时制作出清香的调味汁。将柠檬皮或橙子皮仔细地切成丝或捣烂后放入调味汁中，调味汁的味道马上会得到提升。但是一定要充分清洗表皮，去掉表皮的农药和蜡以后，再把白色部分切成丝使用。

⑦ **坚果类炒熟后捣碎使用**

捣碎的坚果可以增添调味汁的香味。放入调味汁或直接放入沙拉里的坚果需先在锅里炒熟。去掉水分和杂质后再使用，坚果香味会加倍。

厨房必备调味料

　　许多人总觉得市面上销售的调味汁味道鲜美，认为其中放入了又贵又难买的材料，自己在家中是做不出这么美味的调味汁的。其实买来的调味汁就是用我们家中厨房里就有的普通食材制作的，只要利用好厨房必备调味料，我们也能轻松做出多种美味的调味汁。

调醇和味的调味料

食用油
　　最好选用非转基因及无添加剂的安全食用油。西式沙拉一般用香气浓郁的橄榄油，但东方式沙拉一般与胚芽油等食用油更搭。

香油、白苏籽油
　　有特有的浓郁香味，可以作为东方式沙拉的基本用油。如果味道过重，可以与胚芽油、葡萄籽油等混合使用，这样不仅可以提升香气，还能使沙拉更加爽口。

蛋黄酱
　　可以用买来的蛋黄酱，也可以用将蛋黄与适量的食用油混合搅拌后手工制作的蛋黄酱。蛋黄酱味道清淡，和任何食材都很相配，但它的热量较高，在减肥期间要注意蛋黄酱的摄入量。

芥末酱、西洋芥末酱、芥末籽酱
　　东方菜中常用芥末酱，西餐中常用西洋芥末酱来调配出较冲的味道。芥末籽酱的辣味更重，和肉类及海鲜更搭。

原味酸奶
　　因其具有特殊的酸味，所以常用于制作调味汁。由于其有效期短且易变质，保存时要特别注意。

调酸味的调味料

白醋、米醋

味道爽口、颜色透明，常用于在各种调味汁中调酸味。如用柠檬汁代替食醋，同样可以有清爽的酸味。

果醋

果醋分两种，一种是由水果发酵而成的天然食醋，另一种是将冰醋酸或醋酸稀释后，再添加有机酸制成的化学食醋。购买时，请仔细查看配料表。建议购买由水果发酵而成的天然果醋。

红酒醋、意大利香醋

红酒醋是由红酒发酵而成的食醋，与香味浓郁的沙拉较相配。一般意大利香醋价格越高，表明它的发酵过程越长，香气和味道越浓郁。

调咸味的调味料

盐

调味时最常用到的调味料，本书中提到的盐主要是海盐。

酱油、大酱

由大豆发酵而成的酱油和大酱，能使调味汁更加美味。酱油可搭配蔬菜、水果及肉类，大酱可搭配海鲜。

鱼露、凤尾鱼酱

鱼露的味道重，使用前要先用水稀释。凤尾鱼酱是将西餐中使用的凤尾鱼捣碎后制成的，一般放入调味汁中或直接撒在蔬菜上吃。

调甜味的调味料

白砂糖

虽然也可以用含有机成分和无机成分的有机糖，或者用能提供甜味的食材来代替，但是为了最大限度地保留各类蔬菜和水果的香味，制作调味汁时，最好用味道醇正的白砂糖。

低聚糖

甜味与白砂糖相似，热量是白砂糖的 1/4，有助于预防肥胖。

蜂蜜

制作沙拉用的蜂蜜，最好是香味相对较淡的杂花蜂蜜。为了使蜂蜜中所含的各种营养成分不在烹饪过程中被破坏，最好生食蜂蜜。如需加热，则在最后一步加入蜂蜜，稍微加热后马上关火。

枫糖浆

用糖枫树的树汁制作的枫糖浆具有独特的香味。这种天然有机糖可以代替白砂糖，适合关注健康的人食用。

柚子蜜、梅子蜜

在水果中加入等量的糖或蜂蜜后制成的，有柚子蜜和梅子蜜等。它们不仅有甜味，还有水果特有的香味，能使沙拉的风味更佳。

根据食材推荐的调味汁

　　制作沙拉的食材不同，搭配的调味汁也千差万别。蔬菜沙拉中，爽口的调味汁可以掩盖蔬菜平白的味道；水果沙拉中，香甜的调味汁可以减轻水果的酸味；海鲜沙拉中，辣辣的调味汁可以除腥；肉类沙拉中，调味汁可以使肉质更加柔软。

蔬菜沙拉的调味汁

苏籽调味汁
　　苏籽粉 2 大勺、白苏籽油 1 大勺、食醋 2 大勺、柠檬汁 1 大勺、白砂糖 2 小勺、食盐 1/2 小勺

大蒜调味汁
　　蒜泥 2 大勺、橄榄油 3 大勺、柠檬汁 2 大勺、意大利香醋 1 小勺、白砂糖 1 小勺、食盐 1 小勺、西芹泥 1 小勺
注意：放入平底锅中用小火慢煮。

山药梨调味汁
　　山药 50g、梨 1/6 个、食醋 2 大勺、柠檬汁 1 大勺、胚芽油 1 大勺、白砂糖 1 小勺、食盐 1 小勺
注意：放入搅拌机中搅拌。

罗勒松仁调味汁
　　罗勒 1 株、橄榄油 3 大勺、帕玛森奶酪 2 大勺、意大利香醋 1 大勺、松仁 2 小勺、大蒜 1 瓣，食盐、胡椒粉各少许
注意：放入搅拌机中搅拌。

柚子蜜调味汁
　　柚子蜜 1 大勺、海带柴鱼高汤 2 大勺、酱油 1/2 大勺、食醋 1 大勺、柠檬汁 1 大勺、白砂糖 1 小勺

松仁红酒醋调味汁
　　烤松仁末 1 大勺、红酒醋 2 大勺、橄榄油 2 大勺、意大利香醋 1 小勺、食盐 1 小勺、胡椒粉少许

番茄紫苏叶调味汁
　　切丁的番茄 3 大勺、紫苏叶末 2 大勺、橄榄油 3 大勺、食醋 2 大勺、意大利香醋 1 大勺、酱油 1 大勺、白砂糖 1 大勺，食盐、胡椒粉各少许

罗勒黄油调味汁
　　罗勒末 2 小勺、西芹末 1 小勺、洋葱末 2 大勺、蒜泥 1 小勺、黄油 3 大勺、柠檬汁 1 大勺、意大利香醋 1 小勺、食盐 1 小勺
注意：放入平底锅中加热至黄油融化。

熟柿子调味汁
　　过筛的熟柿子泥 4 大勺、柠檬汁 2 大勺、食盐 1 小勺、白砂糖 1/2 小勺

水果沙拉的调味汁

酱油香醋调味汁

酱油2大勺、意大利香醋2大勺、橄榄油3大勺、柠檬汁1大勺、蒜泥1小勺、胡椒粉少许

绿茶调味汁

泡胀的绿茶1大勺、橄榄油3大勺、酱油2大勺、食醋2大勺、白砂糖1大勺

注意：将绿茶捣烂后再与其他食材混合。

红豆调味汁

煮熟的红豆3大勺、牛奶2大勺、胚芽油1大勺、食盐1/2小勺

注意：放入搅拌机中搅拌。

柠檬花生调味汁

柠檬汁3大勺、花生碎2大勺、橄榄油1大勺、白砂糖1大勺、食盐1小勺、切碎的柠檬皮少许

苹果调味汁

苹果1/2个、洋葱1/4个、橄榄油3大勺、食醋2大勺、柠檬汁1大勺、白砂糖1小勺

注意：放入搅拌机中搅拌。

酸奶调味汁

原味酸奶1/2杯、蛋黄酱1大勺、白砂糖1小勺、食盐1小勺、柠檬汁1小勺

咖喱菠萝调味汁

咖喱粉1小勺、菠萝1块（30g）、原味酸奶1/2杯、柠檬汁2大勺、白砂糖1小勺、食盐少许

注意：放入搅拌机中搅拌。

核桃酸奶调味汁

核桃4瓣、原味酸奶1/2杯、食醋1大勺、白砂糖1小勺、食盐1小勺

注意：先将核桃捣碎，再与其他食材混合。

红糖调味汁

红糖2大勺、水2大勺、柠檬汁2大勺、胚芽油1大勺、黄油1大勺、食盐少许

注意：放入平底锅中加热至黄油融化。

海鲜沙拉的调味汁

辣椒酱调味汁

鲜辣椒末 1 大勺、辣酱油 3 大勺（或者酱油 2 大勺、食醋 1 大勺、白砂糖 1 小勺）、芝麻油 1 大勺、芝麻盐 2 小勺、蒜泥 1 小勺

柠檬醋调味汁

柠檬醋 3 大勺、橄榄油 2 大勺、白砂糖 1 大勺、蒜泥 1 小勺、食盐 1 小勺

柠檬皮调味汁

切碎的柠檬皮 1 大勺、柠檬汁 3 大勺、橄榄油 1 大勺、白砂糖 1 大勺、食盐 1/2 小勺

大蒜柠檬调味汁

蒜泥（颗粒较大的）1.5 大勺、切碎的柠檬皮 1 大勺、柠檬汁 3 大勺、芝麻油 1 大勺、白砂糖 1 大勺、食盐 1 小勺、鱼露 1/2 小勺

大蒜罗勒调味汁

大蒜 2 瓣、罗勒末 2 小勺、橄榄油 3 大勺、食醋 2 大勺、意大利香醋 1 大勺、食盐 1 小勺

注意：平底锅中放入橄榄油，将大蒜炒熟后再加入其他食材混合。

芥末松仁调味汁

芥末酱 1 大勺、松仁粉 1 大勺、水 2 大勺、食醋 2 大勺、芝麻油 1 大勺、白砂糖 1 大勺、食盐 1 小勺

芥末芝麻调味汁

芥末酱 2 小勺、芝麻 2 大勺、海带汤 2 大勺、芝麻油 1 大勺、酱油 2 小勺

黑芝麻醋辣酱调味汁

黑芝麻 1 大勺、辣椒酱 2 大勺、辣椒粉 1 大勺、食醋 2 大勺、柠檬汁 1 大勺、芝麻油 1 大勺、白砂糖 1 大勺

肉类沙拉的调味汁

蚝油调味汁
　　蚝油 1 大勺、水 2 大勺、食醋 2 大勺、芝麻油 1 大勺、白砂糖 1 大勺

蜂蜜大蒜调味汁
　　蜂蜜 1 大勺、蒜泥 2 大勺、食醋 2 大勺、酱油 2 大勺、柠檬汁 1 大勺

炒洋葱调味汁
　　洋葱末 4 大勺、红酒醋 2 大勺、橄榄油 1 大勺、水 1 大勺、意大利香醋 1 小勺、食盐 1/2 小勺
注意：平底锅中放入橄榄油，将洋葱炒熟后再加其他食材混合。

韭菜调味汁
　　鲜韭菜末 5 大勺、食醋 3 大勺、酱油 2 大勺、芝麻油 1 大勺、白砂糖 1 大勺、辣椒粉 2 小勺、芝麻盐 2 小勺、蒜泥 1 小勺

生姜酱油调味汁
　　生姜末 1 小勺、酱油 3 大勺、食醋 4 大勺、白砂糖 2 大勺、芝麻油 1 大勺、清酒 1 大勺、芝麻盐 1 小勺、胡椒粉少许
注意：将调味汁倒入平底锅中煮至生姜末的辣香味减少为止。

芥末籽酸奶调味汁
　　芥末籽酱 1 大勺、原味酸奶 1/2 杯、柠檬汁 1 大勺、蜂蜜 1 小勺、食盐 1/2 小勺

洋葱菠萝调味汁
　　洋葱 1/4 个、菠萝 1 块（30g）、食醋 2 大勺、橄榄油 1 大勺、柠檬汁 1 大勺、白砂糖 1 小勺、食盐 1 小勺
注意：放入搅拌机中搅拌。

煮香醋调味汁
　　意大利香醋 4 大勺、橄榄油 2 大勺、洋葱末 2 大勺、柠檬汁 1 大勺、蒜泥 1 小勺、食盐少许
注意：在平底锅中倒入意大利香醋，煮至量减少一半后，再加入其他食材混合。

猕猴桃调味汁
　　猕猴桃 1 个、洋葱 1/4 个、葡萄籽油 3 大勺、食醋 2 大勺、白砂糖 1 大勺、食盐 1 小勺

猕猴桃菠萝调味汁
　　猕猴桃 1/2 个、菠萝 1 小块（15g）、洋葱 1/4 个、橄榄油 3 大勺、食醋 2 大勺、白砂糖 1 小勺、食盐 1 小勺
注意：放入搅拌机中搅拌。

根据口味推荐的调味汁

　　仅凭图片，很难想象这些调味汁到底有怎样的味道。在那么多的调味汁中找到一款符合自己口味的真的很难。现在根据口味将调味汁分类，你一定会找到一款适合你口味的调味汁！

酸酸甜甜的口味

草莓调味汁

　　草莓 150g、洋葱 1/4 个、葡萄籽油 3 大勺、食醋 2 大勺、柠檬汁 1 大勺、白砂糖 2 小勺、食盐 1 小勺

注意：放入搅拌机中搅拌。

梅子蜜调味汁

　　梅子蜜 2 大勺、食醋 3 大勺、辣椒粉 1 大勺、芝麻盐 1 大勺、白砂糖 1 小勺、蒜泥 1 小勺、食盐 1 小勺、芝麻油 2 小勺

芥末蜂蜜蛋黄酱调味汁

　　芥末酱 1 大勺、蜂蜜 1 大勺、蛋黄酱 4 大勺、食醋 2 大勺、食盐 1 小勺、胡椒粉少许

香醋调味汁

　　意大利香醋 2 大勺、橄榄油 1 大勺、蒜泥 1 小勺、食盐 1/2 小勺、胡椒粉少许

芥末调味汁

　　芥末酱 1 大勺、水 2 大勺、食醋 2 大勺、白砂糖 1 小勺、食盐 1 小勺、芝麻油 1 小勺、酱油少许

注意：芥末酱中加入水搅匀，再加入其他食材搅匀。

香橙大蒜调味汁

　　切碎的香橙皮 1 大勺、蒜泥 1 大勺、酱油 2 大勺、海带汤 2 大勺、柠檬汁 2 大勺、白砂糖 1 大勺

煮猕猴桃调味汁

　　金色猕猴桃 1/2 个、绿色猕猴桃 1/2 个、水 1/2 杯、食醋 2 大勺、白砂糖 1 大勺、柠檬汁 1 大勺、食盐 1 小勺

注意：将金色猕猴桃和绿色猕猴桃切成块后再与其他食材一起放入平底锅中煮熟。

陈醋调味汁

　　陈醋 1 大勺、萝卜丁 3 大勺、酱油 2 大勺、芝麻油 1 大勺、白砂糖 1 小勺

生拌菜调味汁

鱼露3大勺、水4大勺、辣椒粉2大勺、芝麻盐2大勺、白砂糖1大勺、蒜泥1大勺、芝麻油1大勺

玉筋鱼鱼露调味汁

玉筋鱼鱼露2大勺、水2大勺、辣椒粉1大勺、芝麻盐1大勺、芝麻油1大勺、白砂糖1大勺、蒜泥2小勺

味噌调味汁

味噌2大勺、海带汤3大勺、食醋2大勺、芝麻油2大勺、芝麻盐1大勺、白砂糖1大勺

生姜调味汁

生姜汁2小勺、酱油2大勺、海带柴鱼高汤2大勺、食醋2大勺、白砂糖1大勺、芝麻油2小勺、芝麻1小勺

芥末籽酱调味汁

芥末籽酱1.5大勺、橄榄油3大勺、食醋3大勺、蜂蜜1大勺、食盐1小勺、胡椒粉少许

洋葱酱油调味汁

洋葱末3大勺、酱油2大勺、胚芽油2大勺、食醋1大勺、柠檬汁1大勺、白砂糖1小勺

凤尾鱼调味汁

剁碎的凤尾鱼1大勺、橄榄油3大勺，食盐、胡椒粉各少许

超简单调味汁

酱油2大勺、食醋2大勺、胚芽油1大勺、白砂糖1大勺、芝麻油2小勺

鱼露调味汁

鱼露3大勺、水2大勺、青椒末1大勺、红椒末1大勺、白砂糖2大勺、食醋2大勺、柠檬汁1大勺

肉桂奶油调味汁
肉桂粉 1 小勺、鲜奶油 4 大勺、蜂蜜 1 大勺、食盐 1 小勺

白苏籽油调味汁
白苏籽油 2 大勺、白苏籽粉 2 小勺、蒜泥 1 小勺、食盐 1/2 小勺、酱油 1/3 小勺

枫糖浆蛋黄酱调味汁
枫糖浆 1.5 大勺、蛋黄酱 3 大勺、柠檬汁 1 大勺、食醋 2 小勺、白胡椒粉少许

牛油果调味汁
牛油果 1/2 个、洋葱 1/4 个、食醋 3 大勺、柠檬汁 2 大勺、白砂糖 2 大勺、食盐 1 小勺、胡椒粉少许

注意：放入搅拌机中搅拌。

芝麻味噌调味汁
芝麻 2 大勺、味噌 1 大勺、海带汤 2 大勺、食醋 2 大勺、芝麻油 1 大勺、白砂糖 1 小勺

注意：放入搅拌机中搅拌。

奶油奶酪调味汁
奶油奶酪 3 大勺、原味酸奶 2 大勺、柠檬汁 1 大勺、捣碎的山柑 2 小勺、食盐 1 小勺、白胡椒粉少许

注意：放入冰箱冷藏。

核桃豆腐调味汁
核桃 3 瓣、豆腐 1/4 块、豆奶 1/2 杯、柠檬汁 3 大勺、白砂糖 2 大勺、橄榄油 1 大勺、食盐 1 小勺

注意：放入搅拌机中搅拌。

黑芝麻调味汁
黑芝麻粉 2 大勺、海带汤 2 大勺、胚芽油 1 大勺、芝麻油 1 大勺、酱油 1 小勺、蒜泥 1 小勺、食盐少许

辣椒油调味汁

辣椒油 2 大勺、柠檬汁 2 大勺、酱油 1 大勺、蒜泥 2 小勺、姜末 1/2 小勺、芝麻盐 1 小勺、白砂糖 1 小勺、食盐少许

注意：将除柠檬汁以外的材料放入平底锅中，炒出香味后关火，再加入柠檬汁混合。

辣椒调味汁

青椒末 2 大勺、红椒末 1 大勺、酱油 2 大勺、食醋 2 大勺、胚芽油 1 大勺、白砂糖 1 大勺、芝麻盐 1/2 大勺、蒜泥 1 小勺、食盐少许

果醋辣椒酱调味汁

猕猴桃丁 3 大勺、辣椒酱 3 大勺、食醋 3 大勺、海带汤 1 大勺、白砂糖 1 小勺、芝麻盐 2 小勺、芝麻油 2 小勺、蒜泥 1 小勺

柠檬辣椒调味汁

切碎的柠檬皮 2 小勺、青椒末 2 小勺、酱油 2 大勺、海带汤 2 大勺、柠檬汁 2 大勺、白砂糖 1 大勺

微辣调味汁

辣椒粉 1 小勺、青椒末 1 大勺、红椒末 1 大勺、橄榄油 2 大勺、食醋 2 大勺、酱油 1 大勺、意大利香醋 1 小勺、白砂糖 1 小勺、食盐少许

萨尔萨调味汁

番茄 1 个（切成丁）、洋葱 1/4 个（切成末）、青椒 1 个（切成丁）、橄榄油 2 大勺、柠檬汁 1 大勺、食醋 1 大勺、塔巴斯科辣椒酱 1 大勺、白砂糖 1 大勺、食盐 1/2 小勺、胡椒粉少许

瑞士辣酱花生调味汁

瑞士辣酱 3 大勺、花生碎 3 大勺、食醋 2 大勺、橄榄油 1 大勺、意大利香醋 1 小勺、蒜泥 1 小勺

青椒调味汁

青椒 1 个、红椒 1 个、洋葱 1/4 个、胚芽油 3 大勺、酱油 2 大勺、食醋 2 大勺、柠檬汁 2 大勺、白砂糖 2 大勺

注意：放入搅拌机中搅拌。

辣酱调味汁

辣椒酱 2 大勺、蒜泥 2 小勺、青椒末 2 小勺、红椒末 2 小勺、橄榄油 3 大勺、柠檬汁 3 大勺、白砂糖 1 小勺、食盐少许

胡椒调味汁

胡椒籽 1 大勺、橄榄油 3 大勺、意大利香醋 1 大勺、柠檬汁 1 大勺、蒜泥 1 小勺、食盐少许

日常调味汁

　　如果你想找和某种食材搭配的调味汁，可以尝试做一做下面介绍的这些日常调味汁。这些调味汁不仅制作原料很常见，而且味道也很棒，即使每天食用也不会腻烦，深受大众的喜爱。

01
千岛酱

　　蛋黄酱 3 大勺、西式腌菜汤 2 大勺、番茄酱 1 大勺、洋葱末 1 大勺、捣碎的西式腌菜 1/2 大勺、煮鸡蛋 1 个（捣烂）、青椒末 1 大勺、红椒末 1 大勺、柠檬汁 1 大勺、西芹末 1 小勺、食盐 1/2 小勺、白胡椒粉少许

02
法式调味汁

　　橄榄油 3 大勺、红酒醋 2 大勺、洋葱末 1 大勺、柠檬汁 1 大勺、白砂糖 2 小勺、食盐 1 小勺、蒜泥 1 小勺

03
蛋黄酱酸奶调味汁

　　蛋黄酱 3 大勺、原味酸奶 3 大勺、食醋 2 大勺、柠檬汁 1 大勺、白砂糖 1 大勺、食盐 1 小勺

04
蛋黄酱调味汁

　　蛋黄酱 3 大勺、食醋 1 大勺、柠檬汁 1 小勺、食盐 1 小勺、白砂糖 1/4 小勺、西芹粉、白胡椒粉各少许

05
蛋黄酱柚子蜜调味汁

　　蛋黄酱 4 大勺、柚子蜜 2 大勺、食盐 1 小勺，胡椒粉、白砂糖各少许

01~02 有颗粒物，吃起来有嚼劲。
03~05 原料简单，味道清淡，深受孩子们的喜爱。

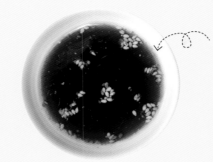

09
烤肉调味汁

酱油3大勺、白砂糖2大勺、食醋2大勺、柠檬汁2大勺、芝麻油2大勺、胚芽油1大勺、芝麻盐1大勺、蒜泥2小勺

10
芝麻调味汁

芝麻2大勺、芝麻油1大勺、胚芽油1大勺、酱油2小勺、葱末1小勺、蒜泥1/2小勺

08
小葱调味汁

小葱末4大勺、酱油2大勺、食醋2大勺、白砂糖1大勺、芝麻油1大勺、芝麻盐2小勺
注意：放入冰箱冷藏。

06
香橙调味汁

橙子1/2个、洋葱1/4个、橄榄油3大勺、食醋2大勺、白砂糖1大勺、食盐1小勺
注意：橙子去皮后，与其他材料一起放入搅拌机中搅拌。

07
豆腐柠檬调味汁

豆腐1/4块、豆奶1/2杯、柠檬汁3大勺、切碎的柠檬皮1大勺、白砂糖1大勺、橄榄油2小勺、食盐1/2小勺
注意：放入搅拌机中搅拌。

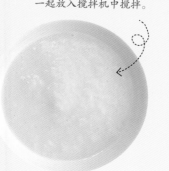

06~07 可用于调制爽口的沙拉。
08~10 以酱油味为基础，可搭配韩式沙拉。

忙碌的早晨，5分钟内嗖嗖地搞定早餐！

过程超简单，只要跟着做就好！

PART 3

淋一淋，拌一拌，结束！

简单沙拉

西葫芦茄子热沙拉

用炒熟的西葫芦和茄子
制成的热沙拉，
搭配比萨或意大利面，
完美极了！

酱油大蒜调味汁

材料

西葫芦 1/3 个（150g）、茄子 1 根、红椒 1/4 个、洋葱 1/4 个、球生菜 3 片、苦苣菜少许

提味：橄榄油 1 大勺，食盐、胡椒碎各少许

酱油大蒜调味汁：酱油 2 大勺、海带汤 2 大勺、梅子汁 1 大勺、蒜泥 2 大勺、橄榄油 1 大勺、白砂糖 1/2 小勺

制作过程

01 将西葫芦洗净后切成 2cm 见方的小块。

02 将茄子洗净后切成 2cm 见方的小块。

03 将红椒和洋葱均切成 2cm 左右见方的小块，再与西葫芦、茄子混合。

04 将球生菜和苦苣菜均切成小片后浸入冷水中，取出、沥干水分后铺在盘子里。

05 在西葫芦、茄子、红椒、洋葱中放入提味材料，搅拌后放置 10 分钟左右（图 1）。

06 在烧热的平底锅中放入已经提味的蔬菜，用旺火炒 5 分钟左右。

07 蔬菜炒至一定程度后，倒入适量酱油大蒜调味汁，拌匀后将炒好的蔬菜倒入铺有生菜和苦苣菜的盘子中（图 2）。

贴心叮咛

・西葫芦和茄子提前提味，能更好地吸收调味汁，不仅吃起来更筋道，而且还能减少对油的吸收。

板栗黄瓜沙拉

咔嚓、咔嚓——
板栗、黄瓜，配上清香的梅子调味汁，
嚼起来发出的脆脆的声音，
你听到了吗？
无论是做还是吃，
5 分钟内都能完成。

材料

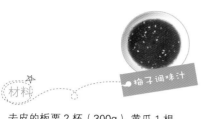

● 梅子调味汁

去皮的板栗 2 杯（300g）、黄瓜 1 根、
洋葱 1/2 个、芝麻与粗盐各少许
梅子调味汁：梅子汁 2 大勺、胡椒粉
1 大勺、食醋 3 大勺、白砂糖 1 小勺、
蒜泥 1 小勺、食盐 1 小勺、芝麻盐 1
大勺、芝麻油 2 小勺

制作过程

01 将板栗稍稍浸水，之后切成 5mm 厚的圆片（图 1）。
02 将黄瓜用粗盐腌制后冲洗干净，再切成 5mm 厚的圆片。
03 将洋葱切成和板栗差不多大小的小块，用冷水浸泡后，取出
并沥干水分。
04 在沙拉碗中倒入制作梅子调味汁的各种原料，并搅拌均匀。
05 将板栗放入盛有调味汁的沙拉碗中搅拌，再放入黄瓜和洋葱，
轻轻搅拌后再撒上芝麻（图 2）。

贴心叮咛

• 应先将板栗放入调味汁中使其入味，再放入黄瓜和洋葱。如果先放
入黄瓜和洋葱，则板栗不容易入味，味道不佳。

西葫芦虾仁沙拉

西葫芦和虾仁稍稍过水后，再浇上微辣的辣椒调味汁，一盘即使是嘴巴刁钻的人也都非常喜欢的韩式沙拉就完成啦！

材料　　　　　　　　　辣椒调味汁

西葫芦 1.5 个、虾仁 8 只、芝麻少许
辣椒调味汁：酱油 2 大勺、食醋 2 大勺、胚芽油 1 大勺、白砂糖 1 大勺、青椒末 2 大勺、红椒末 1 大勺、蒜泥 1 小勺、芝麻盐 1/2 大勺、食盐少许

制作过程

01 将西葫芦切成两半，放入沸水锅里蒸 5 分钟左右，熄火，打开锅盖用余热蒸一会儿（图 1）。

02 将虾仁用开水稍微氽一下（图 2）。

03 将辣椒调味汁的各原料混合，制成调味汁。

04 将蒸好的西葫芦切成 7mm 厚的半圆片，与虾仁混合后，淋上调味汁。

05 装盘并撒上芝麻。

贴心叮咛

• 要使蔬菜口感爽脆、颜色碧绿，可先用沸水蒸几分钟，熄火后再打开锅盖用余热蒸一会儿。

绿豆凉粉沙拉

重金属、黄沙……
如果担忧家人的健康问题，
那么今晚可以做一道解毒的
绿豆凉粉沙拉。

材料

超简单调味汁

绿豆凉粉 300g、黄瓜 1 根、干香菇
3 个、食盐少许
超简单调味汁：胚芽油 1 大勺、芝
麻油 2 小勺、酱油 2 大勺、白砂糖
1 大勺、食醋 2 大勺

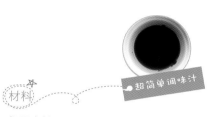

制作过程

01 将绿豆凉粉切成 6cm 长的丝，用开水汆一下，放入食盐后捞出，
    沥干水分待凉。

02 将黄瓜切成 6cm 长的丝后放入有少量水和食盐的平底锅中轻炒，
    取出待凉（图 1）。

03 将干香菇放入水中泡发，挤干水分后切成丝。

04 将除食醋以外的超简单调味汁的其他原料倒入平底锅中，再放入
    香菇丝煸炒。

05 当香菇丝炒至有光泽时关火，倒入食醋，放入绿豆凉粉及黄瓜搅
    拌均匀（图 2）。

贴心叮咛

· 由于食醋有较强的挥发性，加热会使其挥发，所以将香菇炒好后再
  倒入食醋，这样可保留食醋酸酸的味道。

野菜 金针菇沙拉

随便买来的野菜和金针菇相遇后，
会诞生什么样的美味呢？
一盘散发着苏籽油香的健康沙拉，
轻轻松松就做成啦！

白苏籽油调味汁

材料

野菜 1.5 把（200g）、金针菇 1 包、红椒
1/2 个
白苏籽油调味汁：白苏籽油 2 大勺、食
盐 1/2 小勺、酱油 1/3 小勺、蒜泥 1 小勺、
苏籽粉 2 小勺

制作过程

01 将野菜洗净后放入淡盐水中氽一下，捞出，切成段（图 1）。

02 将金针菇去掉根部后一根根分开，再用淡盐水稍稍氽一下。

03 将红椒切开去籽，再斜切成 3cm 长的丝，用冷水浸洗，捞出并
沥干水分（图 2）。

04 将白苏籽油调味汁的各种原料混合，淋到野菜、金针菇、红椒
上，搅拌均匀。

贴心叮咛

· 将野菜放入沸水中，用筷子稍微搅拌一下后就马上捞出，再泡水、
冲洗，这样才能保持它的颜色和香味。

用能在超市里轻松购买到的
蒜薹、金枪鱼、洋葱，
做一盘老少皆宜的沙拉吧！

蒜薹金枪鱼沙拉

洋葱酱油调味汁

★
材料

金枪鱼罐头1罐、蒜薹13～15根
（200g）、大蒜4瓣、橡树叶4片、
食用油与食盐各少许
洋葱酱油调味汁：酱油2大勺、洋
葱末3大勺、胚芽油2大勺、食醋
1大勺、柠檬汁1大勺、白砂糖1
小勺

制作过程

01 将罐头中的金枪鱼肉倒在筛子上，用热水浇烫后待凉。

02 将蒜薹切成10cm长的段，放入涂抹了食用油的平底锅中煸炒，
　　放入少许盐（图1）。

03 将大蒜切成片，平铺在涂抹了食用油的平底锅上慢煎（图2）。

04 将橡树叶切成合适的大小，用清水浸泡后，取出并沥干水分。

05 将煸炒后的蒜薹盛到盘子里，再放入金枪鱼肉、大蒜、橡树叶。

06 将洋葱酱油调味汁的各种原料混合后淋入盘中。

贴心叮咛

·将蒜薹稍焯余或炒一下后，其特有的涩味会消失，甜味会更加丰富。
·大蒜片用中火慢煎后不会产生苦味。

西蓝花洋葱沙拉

平时喝完绿茶后不要把茶叶丢掉，
可以将其放在冷冻室里保存。
在制作调味汁或凉拌野菜时，
可以拿出茶叶撒在上面。
这样既简单又节约，
还能享受绿茶香。

 材料

 绿茶调味汁

西蓝花 1 棵（350g）、洋葱 1/2 个、
食盐少许
绿茶调味汁：泡胀的绿茶 1 大勺、
酱油 2 大勺、食醋 2 大勺、白砂
糖 1 大勺、橄榄油 3 大勺

制作过程

01 将西蓝花掰成小块，放入煮沸的盐水中稍稍氽
一下，再用凉水冲洗。

02 将洋葱切成丝，用凉水冲洗以除去辣味，再沥
干水分。

03 将绿茶捣烂后，与绿茶调味汁的其他原料混合，
然后放在冰箱中冷藏。

04 将西蓝花和洋葱放入沙拉碗中，再淋上冷藏后
的调味汁并稍稍搅拌。

贴心叮咛

• 绿茶在过烫的水中泡胀
后会产生苦味，所以应
在温水中泡胀。

芦笋沙拉

在一个懒洋洋的周末上午，
做一盘搭配了火腿的芦笋沙拉，
和家人一起享用美味的早午餐吧！

材料

●柠檬醋调味汁

芦笋 10～12 根（150g）、圣女果 10
个、洋葱 1/4 个、切片火腿 60g、橄榄
油少许、食盐少许、胡椒碎少许
柠檬醋调味汁：柠檬醋 3 大勺、橄榄油
2 大勺、白砂糖 1 大勺、蒜泥 1 小勺、
食盐 1 小勺

制作过程

01 掐去芦笋老的部分，将芦笋放入沸水中稍稍氽一下。

02 将圣女果洗净后放入平底锅中轻炒，再放入橄榄油、食盐、胡椒碎
稍稍提味（图 1）。

03 将洋葱切成丝，放入清水中浸洗，然后捞出并沥干水分。

04 将切片火腿放入沸水中，稍煮一会儿后马上捞出并沥干水分（图 2）。

05 将芦笋、圣女果及洋葱放入盘中，上面放切片火腿。将柠檬醋调味
汁的各原料混合后淋入盘中即可。

贴心叮咛

· 在购买柠檬醋时，要仔细查看该柠檬醋是在食醋中放入柠檬后发酵
制成的，还是在冰醋酸中添加柠檬香精制成的。

· 在 2 杯食醋中放入 1 个柠檬（切成片），发酵 2 周左右，家庭自制柠
檬醋就制成了。

卷心菜紫苏叶沙拉

即使是普通的卷心菜和紫苏叶，
只要搭配清香四溢的柚子调味汁，
就能变成一道别具风味的沙拉。

柚子调味汁

★ 材料

卷心菜5片（300g）、紫甘蓝1片
（60g）、紫苏叶10片、洋葱1/4个
柚子调味汁：柚子汁（或柚子茶）2
大勺、食醋3大勺、水2大勺、白砂
糖1小勺、食盐1小勺

制作过程

01 将卷心菜、紫甘蓝、紫苏叶、洋葱洗干净后均切成丝，然后将它
们混合均匀，再用清水稍微浸泡，捞出并沥干水分（图1）。

02 将制作柚子调味汁的各原料混合并搅拌均匀。如果用柚子茶代替
柚子汁，则柚子茶需要放入搅拌机中搅拌。

03 将第一步中的所有材料放入沙拉碗中，淋上调味汁并搅拌均匀
即可。

贴心叮咛

· 如果卷心菜和紫甘蓝泡水过久，其甜味和水溶性营养成分就会流失较
多，所以请注意泡水的时间。
· 将用柚子调味汁腌制的卷心菜放入小的密闭容器中，可以保存3～4天。

金枪鱼洋葱沙拉

只要有金枪鱼罐头和洋葱，
哪怕不搭配其他食材，
也能制作出一盘很不错的沙拉。

材料

微辣调味汁

金枪鱼罐头 1 罐、洋葱 1 个、绿豆芽
少许

微辣调味汁：辣椒粉 1 小勺、青椒末
1 大勺、红椒末 1 大勺、橄榄油 2 大勺、
酱油 1 大勺、食醋 2 大勺、意大利香
醋 1 小勺、白砂糖 1 小勺、食盐少许

制作过程

01 将罐头中的金枪鱼肉切成块后倒在筛子上，再用热水浇烫，
待凉（图 1）。

02 将洋葱切成丝后用清水浸泡，除去辣味后捞出并沥干水分。

03 去掉绿豆芽的根部，将绿豆芽用清水浸泡后捞出并沥干水分
（图 2）。

04 将微辣调味汁的各原料混合并搅拌均匀，制成调味汁。

05 将洋葱和绿豆芽混合后放在盘子上，再放上金枪鱼肉，最后
淋上调味汁。

贴心叮咛

· 罐头中的金枪鱼肉用热水浇烫后，放一会儿再吃会更爽口，而且这
样做还可以除去罐头中添加的对身体无益的成分。

葡萄干坚果沙拉

当厌倦了每天吃的卷心菜时，
请尝试将卷心菜与
吃起来咔嚓咔嚓的坚果搭配。
味道和营养都一流的沙拉就完成啦！

材料 ⋯⋯⋯⋯⋯⋯⋯⋯  枫糖浆蛋黄酱调味汁

卷心菜（中等大小的）6 片（或 1/2 个）、
黄瓜 1/2 根、洋葱 1/4 个、胡萝卜 1/6 根、
葡萄干 3 大勺、核桃仁 2 大勺、瓜子仁
2 大勺

枫糖浆蛋黄酱调味汁：枫糖浆 1.5 大勺、
蛋黄酱 3 大勺、柠檬汁 1 大勺、食醋 2
小勺、白胡椒粉少许

制作过程

01　将卷心菜用清水浸泡后捞出并沥干水分。

02　将黄瓜、洋葱、胡萝卜均切成 5cm 长的丝，用清水浸泡后捞出
　　并沥干水分。

03　将葡萄干用流水冲洗干净，然后放在筛子上让其慢慢发胀（图 1 ）。

04　将核桃仁及瓜子仁放在无水的平底锅中炒熟，待凉（图 2 ）。

05　将枫糖浆蛋黄酱调味汁的各原料混合并搅拌均匀，制成调味汁。

06　将各蔬菜混合均匀后放在盘子中，淋上调味汁，撒上葡萄干、核
　　桃仁及瓜子仁。

贴心叮咛

· 葡萄干在储存过程中会沾上灰尘及其他杂质，所以要先用流水冲洗
干净。

油豆腐筋道的口感，
吃起来有种肉的感觉。
它和韭菜清爽的味道以及芝麻的香味
非常相配。

韭菜油豆腐沙拉

芝麻调味汁

材料

韭菜 100g、油豆腐 3 块、胡萝卜 1/5
根、洋葱 1/4 个
芝麻调味汁：芝麻 2 大勺、芝麻油 1
大勺、胚芽油 1 大勺、酱油 2 小勺、
蒜泥 1/2 小勺、葱末 1 小勺

制作过程

01 将韭菜等切 3 ～ 4 刀，用清水浸泡后捞出并沥干水分。

02 将油豆腐放入沸水中煮，以去油（图 1）。

03 用手挤干油豆腐的水分，将油豆腐切成细丝（图 2）。

04 将胡萝卜、洋葱均切成与韭菜差不多长的丝，用清水浸泡后捞出
    并沥干水分。

05 将芝麻调味汁的各原料混合并搅拌均匀，再淋到韭菜、油豆腐、
    胡萝卜、洋葱上。

贴心叮咛

· 油豆腐是将豆腐切成片后油炸而成的，所以有很多油。食用前将油豆
  腐放入沸水中煮一下，以除去过多的油，可使沙拉更加清爽、不油腻。

鸡胸肉绿色沙拉

为了享用更丰富的味道，
平日里如果常做水果或酸奶调味汁，
现在也可以尝试用涩涩的
山药制成调味汁。
风味和营养都很丰富的
一盘沙拉就这样完成了！

山药松仁调味汁

材料

鸡胸肉罐头 1 罐、卷心菜 5 片、小松菜 3 株、苦苣菜 5 片、洋葱 1/4 个
山药松仁调味汁：去皮的山药 1 根、炒熟的松仁 1 大勺、食醋 1 大勺、柠檬汁 1 大勺、芝麻油 1 大勺、食盐 1 小勺、白砂糖 1 大勺

制作过程

01 将罐头中的鸡胸肉放在筛子上并用热水浇烫，待凉后将鸡胸肉撕碎（图 1 ）。

02 将卷心菜、菠菜、苦苣菜均切碎，用清水浸泡后捞出并沥干水分。

03 将洋葱切成丝，用清水浸泡后捞出并沥干水分。

04 将山药切成块，再与山药松仁调味汁的其他原料一起放入搅拌机中搅拌，制成调味汁（图 2 ）。

05 将卷心菜、菠菜、苦苣菜、洋葱混合均匀后放入盘中，再放上鸡胸肉，最后淋上调味汁。

贴心叮咛

· 将山药去皮后用淡盐水浸泡片刻，以去掉苦味。
· 坚果炒熟后食用比直接食用更香。

甜南瓜红薯沙拉

甜南瓜和红薯，
搭配咖喱和菠萝。
如果你难以想象这样的组合，
不如试着做一下吧！
香软的甜南瓜和红薯，
搭配咖喱菠萝调味汁，
一盘爽口沙拉就制作完成啦！

咖喱菠萝调味汁

材料

甜南瓜 1/4 个、红薯（中等大小的）1 个、
洋葱 1/4 个、葡萄干 1 大勺、花生碎 2
大勺、食盐少许

咖喱菠萝调味汁：咖喱粉 1 小勺、菠萝
1 块（30g）、原味酸奶 1/2 杯、柠檬汁 2
大勺、白砂糖 1 小勺、食盐少许

制作过程

01　将甜南瓜和红薯去皮后切成小块，放入蒸锅中慢慢蒸熟（图 1 ）。
02　将洋葱切成末，放入少许食盐腌制，然后挤干水分（图 2 ）。
03　将葡萄干用流水冲洗干净，然后放在筛子上让其慢慢发胀。
04　将咖喱菠萝调味汁的各原料混合均匀后放入搅拌机中搅拌。
05　将温热的甜南瓜和红薯放入沙拉碗中，再加入其他食材混合均
　　匀，最后淋上调味汁并搅拌均匀。

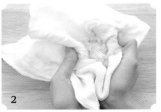

贴心叮咛

· 洋葱要先用盐腌制，再与其他食材混合，这样洋葱才不会出水，而
且辣味也会消失。
· 甜南瓜和红薯在还温热的时候才能拌成泥，从而可以与其他食材混
合均匀，并更好地吸收调味汁。如果因为准备其他食材而使甜南瓜
和红薯凉掉了，可以将甜南瓜和红薯用保鲜膜包住后放入微波炉里
加热一会儿。

嫩芽飞鱼子薄饼沙拉

如果你正在寻找一种开胃的菜，
那么为你推荐一道简单的午餐
——嫩芽飞鱼子薄饼沙拉。
即使只搭配一杯茶食用，
沙拉的味道也非常赞。

草莓调味汁

材料

嫩芽 2 包（100g）、飞鱼子 3 大勺、苏
打薄饼适量
草莓调味汁：草莓 150g、洋葱 1/4 个、
葡萄籽油 3 大勺、食醋 2 大勺、柠檬汁
1 大勺、白砂糖 2 小勺、食盐 1 小勺

制作过程

01 将嫩芽放在筛子中，用流水冲洗干净后沥干水分（图 1）。

02 将草莓去蒂后，与草莓调味汁的其他原料混合，放入搅拌机中搅
拌，再放入冰箱中冷藏（图 2）。

03 在苏打薄饼上放上嫩芽和飞鱼子，再淋上调味汁。

>> 嫩芽

嫩芽是蔬菜种子发芽 3 ～ 4 天时摘取食用的芽，沾有农药的可能性
较低。嫩芽的矿物质、维生素、蛋白质等营养成分的含量是其长大后的 3
～ 4 倍。未长大的蔬菜的味道，与酸甜的水果沙拉很配。这道沙拉中的
草莓还可以用猕猴桃、橙子等代替。

用制作甜南瓜红薯沙拉和嫩芽飞鱼子薄饼沙拉剩下的食材制作

红薯豆奶 & 草莓嫩芽汁

难以处理的红薯，
每天蒸着吃都吃腻了吧？
买了一盒草莓，
担心它很快就会烂吧？
制作一杯爽口的草莓嫩芽汁，
来迎接美好的早晨吧！
睡前用一杯甜甜的红薯豆奶，
好好地犒劳一下自己吧！

红薯豆奶

材料

红薯 1 个、豆奶 2 杯

制作过程

01 将带皮红薯用柔软的刷子洗净。

02 将红薯放入蒸锅中慢慢蒸熟，取出、剥皮
并切成合适的大小。

03 将红薯和豆奶放入搅拌机中搅拌。

草莓嫩芽汁

材料

草莓 1 杯（150g）、嫩芽 1 包（50g）、冰水 1/2 杯

制作过程

01 将草莓洗净后去蒂，将嫩芽放在筛子上用
流水冲洗干净。

02 将草莓、嫩芽、冰水放入搅拌机中搅拌。

青菜豆腐沙拉

中国菜中的必备食材
——青菜！
如果想马上去买，
但又苦恼不知道该怎么吃，
那就利用健康食材豆腐及辣椒油调味汁，
挑战一盘具有中国风味的沙拉吧！

辣椒油调味汁

材料

青菜（大的）2～3株（200g）、豆腐1/2块（170g）、洋葱1/3个

辣椒油调味汁：辣椒油2大勺、柠檬汁2大勺、酱油1大勺、蒜泥2小勺、姜末1/2小勺、芝麻盐1小勺、白砂糖1小勺、食盐少许

制作过程

01 将青菜洗净后在底部划上几刀，再等切成2～4份。

02 将豆腐切成边长为1.5cm左右的方块。

03 将洋葱切成丝，用清水浸泡后捞出并沥干水分。

04 将切成丝的洋葱铺在盘子上，放上青菜，再放上豆腐。

05 将第四步中的盘子放在沸水锅中蒸8～9分钟（图1）。

06 在平底锅中放入辣椒油调味汁中除柠檬汁以外的其他原料，轻轻煸炒出香味后关火，再放入柠檬汁并搅拌均匀，制成调味汁（图2）。

07 将调味汁淋在蒸好的菜上。

贴心叮咛

· 辣椒油调味汁原料中的柠檬汁具有较强的挥发性，所以要在其他原料炒完后加入。

材料

竹笋罐头 1 罐、水芹 50g、黄瓜 1/2 根、胡萝卜 1/6 根、黑芝麻少许

熟柿子调味汁：过筛的熟柿子泥 4 大勺、柠檬汁 2 大勺、食盐 1 小勺、白砂糖 1/2 小勺

熟柿子调味汁

制作过程

01 将竹笋对半切开，再切成厚片，然后用沸水汆一下。

02 将水芹放入沸水中汆一下，捞出后切成 6cm 左右的长段。

03 将黄瓜和胡萝卜均切成 6cm 长的丝，用凉水浸泡后捞出并沥干水分。

04 将熟柿子调味汁的各原料混合均匀，制成调味汁。

05 在沙拉碗中放入竹笋、水芹、黄瓜及胡萝卜并混合均匀，淋上调味汁，最后撒上黑芝麻。

竹笋水芹沙拉

竹笋、水芹和熟柿子
是能有效解酒的"三剑客"，
还能对过敏性皮肤起到镇静作用。
将这道沙拉推荐给你和你的家人吧。

贴心叮咛

· 生竹笋会有涩味和麻味，所以最好用沸水汆过后再食用。

· 熟柿子剥皮后放在筛子上挤压，这样不会有大块果肉，口感会更加细腻。

葡萄豆腐沙拉

如同它美美的模样一般，
这碗葡萄豆腐沙拉
也能使皮肤和身体美美的！
搭配核桃酸奶调味汁一起吃，
能缓解便秘，
同时有益于头皮健康哦！

核桃酸奶调味汁

材料

葡萄 1 串、生食豆腐 1 块、苦苣菜 5～6 片
核桃酸奶调味汁：核桃 4 瓣、原味酸奶 1/2 杯、
食醋 1 大勺、白砂糖 1 小勺、食盐 1 小勺

制作过程

01 将葡萄切成两半（图 1）。

02 将豆腐切成边长约 1.5cm 的方块；将苦苣菜切成小段后浸水，再捞出
   并沥干水分。

03 将核桃用沸水汆一遍后，放入无水的平底锅中翻炒，再磨碎（图 2）。

04 将第三步中的核桃碎与核桃酸奶调味汁的其他原料混合，制成调味汁。

05 在碗中放入葡萄、豆腐、苦苣菜，最后淋上调味汁。

贴心叮咛

· 核桃仁的表皮有苦味，所以最好将核桃仁放在沸水中烫一烫，以除
  去苦味。

鱿鱼白菜沙拉

鲜脆的白菜，
甜度不输卷心菜，
非常适合做沙拉。
再配上筋道的鱿鱼，
一碗下饭沙拉就诞生啦!

大蒜柠檬调味汁

材料

鱿鱼（身体部位）1 只、白菜心 5 片、
洋葱 1/4 个、豆芽少许
大蒜柠檬调味汁：蒜泥（颗粒较大的）
1.5 大勺、切碎的柠檬皮 1 大勺、柠檬汁
3 大勺、白砂糖 1 大勺、芝麻油 1 大勺、
食盐 1 小勺、鱼露 1/2 小勺

贴心叮咛

- 鱿鱼含有比牛肉更优质的蛋白质，属于高蛋白食物，但可能难以消化。为了更好地消化鱿鱼，可以将鱿鱼切成丝或切碎后再烹饪。
- 大蒜用刀背或刀柄拍出汁液后，才能出来麻麻涩涩的味道。虽然有点儿麻烦，但还是要用刀刃将大蒜切碎，这样味道才更好。搭配海鲜沙拉时，用颗粒较大的大蒜粒可以去腥。
- 使用柠檬皮时，要去掉其带苦味的白色内皮。

制作过程

01　除去鱿鱼的内脏和皮后将鱿鱼切成丝，再放到沸水中烫一烫。
02　将白菜心和洋葱均切成丝，用清水浸泡后捞出并沥干水分。
03　将大蒜柠檬调味汁的各原料混合均匀，制成调味汁（图 1）。
04　将白菜心、洋葱、豆芽混合后放入盘子中，再放上鱿鱼，最后淋上调味汁。

1

马铃薯西蓝花沙拉

西蓝花有一股独特的涩味，
所以一般会蘸着醋辣酱吃。
其实，
你也可以尝试搭配马铃薯
及芥末蜂蜜蛋黄酱调味汁一起吃。
调味汁浓郁的味道
不知不觉就掩盖了西蓝花的涩味。

芥末蜂蜜蛋黄酱调味汁

材料

马铃薯（中等大小的）2 个、西蓝花 1/2
棵、洋葱 1/2 个、黄瓜 1/2 根、小松菜 3
株、食盐少许、橄榄油少许
芥末蜂蜜蛋黄酱调味汁：蛋黄酱 4 大勺、
芥末酱 1 大勺、食醋 2 大勺、蜂蜜 1 大勺、
食盐 1 小勺、胡椒粉少许

制作过程

01　将马铃薯去皮后切成 3cm 左右见方的小块，再放到冷水中除去淀粉，
　　然后放入有少许食盐和橄榄油的水中煮熟，捞出待凉（图 1）。

02　将西蓝花掰成小块，用煮沸的盐水氽一下。

03　将洋葱和黄瓜剁碎。

04　将小松菜切成段后，放入冷水中浸泡，捞出后沥干水分。

05　除了蛋黄酱，将芥末蜂蜜蛋黄酱调味汁的其他原料混合均匀，再放入
　　蛋黄酱并搅拌均匀（图 2）。

06　将准备好的各种蔬菜放入沙拉碗中混合均匀，最后淋上调味汁。

贴心叮咛

· 将马铃薯放入有橄榄油和食盐的水中煮，可使马铃薯更易入味且不
容易碎。

· 由于芥末酱和蜂蜜都是浓稠液体，所以最好将芥末酱和蜂蜜搅拌均
匀后，再放入蛋黄酱搅拌。不要把调味汁的所有材料同时混合。

美味
余料

用制作马铃薯西蓝花沙拉
剩下的食材制作

培根 三明治

借助制作沙拉剩下的食材，
可以再做一份美味的三明治。
与剩余调味汁的梦幻组合，
让三明治的味道蹭蹭升级！

吐司2片、培根2片、鸡蛋1个、番
茄1个、卷心菜2片、芥末蜂蜜蛋黄
酱调味汁

制作过程

01 将吐司平铺在平底锅中煎一会儿。

02 将培根放入沸水中稍稍烫一下后捞出，再放入平底锅中煎。

03 将鸡蛋煮熟，切成5mm厚的圆片。

04 将番茄洗净，切成5mm厚的圆片，并去籽。

05 在吐司上抹上芥末蜂蜜蛋黄酱调味汁，再依次放上吐司、
卷心菜、番茄、培根、鸡蛋。

贴心叮咛

· 培根用热水烫过后仍然含有很
多油分，所以放入锅中煎时无
须放油。

· 不去籽的番茄水分较多，会让
吐司湿软，所以最好去籽。

味道超棒！营养满分！

一份让肚子饱饱的丰盛沙拉！

PART 4

一道营养丰富
的沙拉

烤肉莜麦菜沙拉

烤肉是西方人很喜欢的食物。

和筷子相比，

西方人更习惯使用刀叉。

如果你身边有这样的外国朋友，

可以用烤肉搭配莜麦菜做一盘美味的沙拉。

红色法式调味汁

材料

烤肉专用牛肉 200g、莜麦菜（大的）2 株（100g）、黄瓜 1/2 根、洋葱 1/4 个、法式长棍面包 1/2 根、苦苣菜适量

底料：酱油 2 小勺、白砂糖 1 小勺、蒜泥 1 小勺、芝麻油 1 小勺、胡椒粉少许

红色法式调味汁：橄榄油 3 大勺、红酒醋 1 大勺、柠檬汁 1 大勺、切碎的番茄 1 大勺、洋葱末 1 大勺、蒜泥 1 小勺、白砂糖 1 小勺、食盐 1 小勺、胡椒粉少许

制作过程

01 将牛肉切成合适的大小，用底料腌制后放入烧热的平底锅中炒熟，盛出待凉（图 1）。

02 将莜麦菜、苦苣菜切成合适的大小后，放入冷水中浸泡，捞出后沥干水分。

03 将黄瓜和洋葱切成 5cm 长的丝，平铺在无水的平底锅中干炒。

04 将法式长棍面包切成厚片，放在无水的平底锅中煎一会儿（图 2）。

05 将红色法式调味汁的各原料混合均匀，制成调味汁。

06 将莜麦菜、苦苣菜、黄瓜及洋葱放入盘中混合均匀，再放上烤肉，淋上红色法式调味汁，最后放上法式长棍面包厚片。

贴心叮咛

· 因为后面还要淋上调味汁，所以底料要调得淡一些，这样牛肉味道才会正好。

· 法式长棍面包要先稍稍煎一下，这样才不会软塌塌的。

圆圆的又可爱的年糕块，
柔软而又不会太黏，
非常适合用于制作沙拉。
与平日做年糕汤及炒年糕相比，
用于制作沙拉的年糕要煮得更熟。

年糕块沙拉

✦材料

苹果调味汁

年糕块 1 杯（150g）、苹果 1 个、梨
1/2 个、橘子 1 个、卷心菜 4 片、苦苣
菜 4 株
底料：芝麻油 2 小勺、酱油 1 小勺、
白砂糖 1 小勺
苹果调味汁：苹果 1/2 个、橄榄油 3
大勺、洋葱 1/4 个、食醋 2 大勺、柠
檬汁 1 大勺、白砂糖 1 小勺

制作过程

01 将年糕块放入沸水中煮熟后捞出，放上底料并混合均匀（图 1）。

02 将苹果、梨、橘子去皮后切成扇形的小块。

03 将卷心菜和苦苣菜均切成合适的大小，放入冷水中浸泡，再捞出
并沥干水分。

04 将苹果调味汁中的苹果去籽后切成大小合适的块，再与苹果调味
汁中其余的原料一同放入搅拌机中搅拌。

05 将卷心菜和苦苣菜放入碗中，再放入年糕块、苹果、梨、橘子，
最后淋上调味汁。

贴心叮咛

· 由于年糕凉了后再吃会硬硬的，所以年糕要比平时煮得更熟些。

鸡胸肉绿豆沙拉

为使干巴巴、难嚼的鸡胸肉更易消化，可以搭配软糯的绿豆一起食用，这样既能控制体重、补充营养，味道也非常赞，可谓是"一石三鸟"。

青椒调味汁

材料

鸡胸肉 1 块、去皮绿豆 5 大勺、茄子 1 根、番茄 1 个、黄色彩椒 1/2 个、橙色彩椒 1/2 个、青椒 1/2 个、洋葱 1/4 个，食盐、胡椒粉、法香各少许

底料：橄榄油 1 大勺、蒜泥 1 小勺、食盐少许、胡椒粉少许

青椒调味汁：青椒 1 个、红椒 1 个、胚芽油 3 大勺、酱油 2 大勺、洋葱 1/4 个、食醋 2 大勺、柠檬汁 2 大勺、白砂糖 2 大勺

制作方法

01 将去皮绿豆洗净后放在足量的、加了少许食盐的水中煮软，然后捞出并沥干水分（图 1）。

02 将鸡胸肉横切，放入底料腌制一会儿后平放在烤架上烤熟（图 2）。

03 将茄子、番茄、彩椒、青椒、洋葱切成合适的大小后，撒上少许食盐和胡椒粉，放在烤架上烤。

04 将青椒调味汁的各原料放入搅拌机中搅拌后，放入冰箱冷藏。

05 将烤好的蔬菜混合均匀后放在盘子中，再放上鸡胸肉，撒上去皮绿豆和法香，淋上调味汁。

贴心叮咛

· 直接煮熟会令鸡胸肉变得干巴巴的，难以咀嚼，淋上橄榄油后烤制，肉质会更加细嫩。

和烤过的吐司块及法式长棍面包一样,
搭配蔬菜一起吃时,
裹上糙米粉后炸得脆脆的红薯的口感
也称得上是一绝。
再淋上与红薯相配的肉桂奶油调味汁,
其口感很像烤红薯。

红薯华夫沙拉

肉桂奶油调味汁

材料

红薯 1 个、糙米粉 2 大勺、卷心菜 5 片、
苦苣菜 5～6 片、橡树叶 5 片、油炸用
油适量
肉桂奶油调味汁:肉桂粉 1 小勺、鲜奶
油 4 大勺、蜂蜜 1 大勺、食盐 1 小勺

制作方法

01 红薯去皮后,用刨子刨出华夫饼形状的薄片,在清水中放置 30
分钟左右以除去淀粉(图 1)。

02 滤掉红薯中的淀粉后,用棉布擦干红薯片上的水分,再撒上糙米
粉(图 2)。

03 将裹上糙米粉的红薯片放在 170℃的热油中炸脆。

04 将卷心菜、苦苣菜、橡树叶均切成合适的大小,放入冷水中浸泡
后捞出并沥干水分。

05 将蔬菜铺在盘子上,再放上炸好的红薯片,将肉桂奶油调味汁的
各原料混合均匀后淋在红薯片上。

贴心叮咛

· 红薯、马铃薯中的淀粉较多,需要将它们泡在冷水中滤去淀粉后再
烹饪,这样食用时口感更好。

· 如果没有刨子,也可以像平时一样切成普通的薄片后再油炸。

意面热带水果沙拉

水果酸甜的口味可以增强人的食欲，促进胃酸分泌，有助于消化，
但是空腹食用水果会对胃造成一定负担。
将富含碳水化合物的意面煮软后搭配水果食用，
这样即使是空腹也无须担忧了。

材料

酸奶调味汁

意面（螺旋意面或蝴蝶意面）1
杯（60g）、芒果 1 个、菠萝 1 块
（30g）、香蕉 1 根、绿色猕猴桃
1 个、洋葱 1/4 个、石榴粒 3 大勺、
卷心菜 4 片、苦苣菜 5 片
酸奶调味汁：原味酸奶 1/2 杯、
蛋黄酱 1 大勺、白砂糖 1 小勺、
食盐 1 小勺、柠檬汁 1 小勺

制作过程

01 将意面煮软（煮的时间比包装上标注的时间多
   2 分钟），再放到筛子中沥干水分。
02 将香蕉和猕猴桃去皮，切成圆片。
03 将芒果切成 1.5cm 见方的小块，将菠萝和洋葱
   切成扇形小块。
04 将卷心菜和苦苣菜均切成合适的大小后，放入
   冷水中浸泡，再捞出并沥干水分。
05 将卷心菜和苦苣菜铺在盘子上，再放上水果、
   洋葱、意面，将酸奶调味汁的各原料混合均匀
   后淋在上面，最后撒上石榴粒。

贴心叮咛

· 意面要比平时煮得更
  软一些，这样凉了之
  后才不会硬硬的。

牛胸叉肉中脂肪和蛋白质交错着，
通常是将它切成薄片后烤了吃。
现在你可以尝试用牛胸叉肉搭配生菜、
五谷饭团以及猕猴桃调味汁，
做一道丰盛的晚餐沙拉！

牛胸叉肉沙拉

● 猕猴桃调味汁

材料

牛胸叉肉 100g、绿色生菜 50g、紫色生菜 50g、紫苏叶 10 片、洋葱 1/4 个、红椒 1/2 个、五谷饭 2 碗、食盐、芝麻、芝麻油各少许

底料：酱油 1 小勺、白砂糖 1 小勺、蒜泥 1 小勺、芝麻油 1 小勺、胡椒粉少许

猕猴桃调味汁：猕猴桃 1 个、葡萄籽油 3 大勺、洋葱 1/4 个、食醋 2 大勺、白砂糖 1 大勺、食盐 1 小勺

制作过程

01　将牛胸叉肉用底料腌制一会儿后，再一片片平铺在平底锅中煎熟（图 1）。

02　将绿色生菜、紫色生菜、紫苏叶均切成合适的大小后，放入冷水中浸泡，捞出后沥干水分。

03　将洋葱和红椒均切成 4cm 长的丝，放入冷水中浸泡，捞出后沥干水分。

04　将猕猴桃调味汁原料中的猕猴桃及洋葱切成块，再与其他原料一起放入搅拌机中搅拌。

05　在五谷饭中放入适量食盐、芝麻、芝麻油，混合均匀后用手将五谷饭揉成一个个拳头大小的饭团（图 2）。

06　将绿色生菜、紫色生菜、紫苏叶、洋葱及红椒混合均匀后放在盘子中，再放上牛胸叉肉，淋上调味汁，最后放上五谷饭团。

贴心叮咛

· 牛胸叉肉很薄，如果不是一片片地煎，很容易粘在一起。

· 用家里剩下的冷饭做饭团时，要先将冷饭放在微波炉中加热一下，或者将冷饭放在有少量水的平底锅中炒热后再食用。

米粉沙拉

将东南亚人很爱吃的米粉
炸脆后做成沙拉吃，
会让人很有饱腹感，
且将这道沙拉作为一顿饭完全不逊色。

鱼露调味汁

材料

米粉 50g、卷心菜 4 片、紫色生菜 1 片、黄瓜 1/2 根、洋葱 1/4 个、苦苣菜少许、花生碎 3 大勺、油炸用油适量
鱼露调味汁：鱼露 3 大勺、水 2 大勺、青椒末 1 大勺、红椒末 1 大勺、白砂糖 2 大勺、食醋 2 大勺、柠檬汁 1 大勺

制作过程

01　将卷心菜、紫色生菜、黄瓜、洋葱、苦苣菜均切成 5cm 长的丝，用冷水浸泡后捞出并沥干水分。

02　将米粉放在 180℃ 的热油中炸脆后，捞出并沥去油（图 1）。

03　将炸好的米粉放入碗中，上面放切好的蔬菜。

04　撒上花生碎，最后将鱼露调味汁的各原料混合均匀后淋在上面。

贴心叮咛

· 油温过低，米粉难以膨胀，只有在油温足够高时炸，米粉才能炸得松脆。

三文鱼芦笋沙拉

水果加热以后，水分蒸发，甜味增加，
非常适合制成调味汁
并搭配略带苦味的蔬菜沙拉。
如果家中没有水果，
可以用果酱代替。

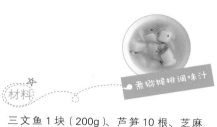

煮猕猴桃调味汁

材料

三文鱼 1 块（200g）、芦笋 10 根、芝麻
菜 5 片（或苦苣菜 5 片）、洋葱 1/2 个
底料：白葡萄酒 1 大勺、食盐 1 大勺、胡
椒粉 1 大勺、橄榄油 1 大勺
煮猕猴桃调味汁：金色猕猴桃 1/2 个、绿
色猕猴桃 1/2 个、水 1/2 杯、食醋 2 大勺、
白砂糖 1 大勺、柠檬汁 1 大勺、食盐 1
小勺

制作过程

01　将三文鱼切成合适的大小后，用底料腌制一会儿。

02　在烧热的平底锅中放入腌制好的三文鱼煎一会儿。

03　将金色猕猴桃和绿色猕猴桃切成边长 1cm 左右的方块后，再与
煮猕猴桃调味汁剩余的原料混合，放入平底锅中煮熟（图 1）。

04　掐去芦笋老的部分，将嫩的部分放入沸水中稍稍汆一下；将芝麻
菜切成合适的大小、洋葱切成丝，用冷水浸泡后捞出并沥干水分
（图 2）。

05　将芦笋、洋葱、芝麻菜铺在盘子中，再放上三文鱼，最后淋上煮
猕猴桃调味汁。

贴心叮咛

· 如果用烤箱来烤三文鱼，要先以 200℃ 预热烤箱，然后放入三文鱼
烤制 13 分钟。

· 要用中火煮猕猴桃，这样猕猴桃才会甜甜的，且不会煮焦。

糯米纸沙拉

稍稍灸过的糯米纸，
拌上瑞士辣酱花生调味汁，
口感似凉皮，营养又美味。
如果喜欢吃辣，
可以用辣椒酱代替瑞士辣酱。

瑞士辣酱花生调味汁

材料

鸡胸肉 1 块（或鸡胸肉罐头 1 罐）、绿豆芽 1.5 把（200g）、番茄 1 个、小菜苗 1 把（50g）、糯米纸 5 张
瑞士辣酱花生调味汁：瑞士辣酱 3 大勺、花生碎 3 大勺、食醋 2 大勺、橄榄油 1 大勺、意大利香醋 1 小勺、蒜泥 1 小勺

制作过程

01 将鸡胸肉放入沸水中灸熟，然后撕成细丝。
02 将绿豆芽掐去头部和根部，放入沸水中灸熟，捞出后平铺在盘子上待凉（图 1）。
03 将番茄放在沸水中灸熟后，剥皮、去籽，再切成 5cm 长的丝。
04 将小菜苗放在筛子上，用水冲洗干净后沥干水分。
05 将糯米纸切成合适的大小后放入沸水中泡软。
06 将瑞士辣酱花生调味汁的各原料混合均匀后，用另一只碗单独盛出 2 大勺，再将泡软的糯米纸放入剩下的调味汁中搅拌均匀（图 2）。
07 将拌有调味汁的糯米纸倒在盘子中，将鸡胸肉、绿豆芽、番茄、小菜苗混合均匀后放在糯米纸上，最后淋上 2 大勺调味汁。

1

2

贴心叮咛

· 糯米纸要先拌上瑞士辣酱花生调味汁后，再放入盘中，这样各食材才不会粘在一起，且能均匀入味。

稍稍煎过的甜甜的番茄及红椒，
搭配香味四溢的煮香醋调味汁，
一盘酸酸甜甜、营养丰富的沙拉就完成啦！
再搭配香软的法式烤吐司和一杯咖啡，
即可享受一顿丰盛的早餐了。

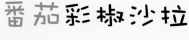

番茄彩椒沙拉

煮香醋调味汁

材料

番茄 1 个，橙色彩椒、黄色彩椒、红色彩椒、
绿色彩椒各 1/2 个，洋葱 1/4 个，橡树叶
4 片（或苦苣菜 4 片），吐司 2 片，鸡蛋 1
个，牛奶 2 大勺，食盐、橄榄油各少许
煮香醋调味汁：意大利香醋 4 大勺、橄榄
油 2 大勺、洋葱末 2 大勺、柠檬汁 1 大勺、
蒜泥 1 小勺、食盐少许

制作过程

01 将番茄切成 1cm 厚的片，撒上少许食盐。平底锅中放少许橄榄油，
油烧热后放入番茄煎熟（图 1）。

02 将各色彩椒和洋葱切成 2cm 宽、4cm 长的块，撒上少许食盐后，
和番茄一样放在热锅中煎熟。

03 将橡树叶切成合适的大小，放入冷水中浸泡，再捞出并沥干水分。

04 将鸡蛋打匀成鸡蛋液。

05 将吐司切成 4 等份，放入鸡蛋液、牛奶、食盐的混合液中拌一拌，
待裹满液体后放在热锅中煎熟，制成法式烤吐司。

06 在平底锅中倒入意大利香醋，煮至量减少一半后关火，再与煮香
醋调味汁的其他原料混合，制成调味汁（图 2）。

07 将第一、第二步中煎熟的食材和橡树叶放在盘中，淋上调味汁，
再搭配法式烤吐司。

香蕉嫩芽沙拉

将还没有完全熟透的香蕉
放在平底锅中煎一煎,
香蕉会变得更甜、更软,
与稍带苦味的嫩芽
和长棍面包搭配,
真是再好吃不过了。

红糖调味汁

材料

香蕉 2 根、嫩芽 2 包（100g）、花生碎 2
大勺、长棍面包 1/3 根

红糖调味汁：红糖 2 大勺、水 2 大勺、
柠檬汁 2 大勺、胚芽油 1 大勺、黄油 1
大勺、食盐少许

制作过程

01 香蕉去皮后切成 1cm 厚的片；嫩芽放在筛子上，用水冲洗干净
后沥干水分。

02 在烧热的平底锅中放入红糖调味汁的所有原料，待红糖全部溶化
后，再放入香蕉（图 1）。

03 将长棍面包切成 1cm 厚的片，放在平底锅中煎（图 2）。

04 在长棍面包上放煎过的香蕉及嫩芽，再淋上第二步中剩余的调味
汁，最后撒上花生碎。

贴心叮咛

· 如果在红糖还没有充分溶化时就放入香蕉，红糖会硬硬地粘在锅上。
· 在未煎过的长棍面包上放香蕉和蔬菜，会使面包变得湿软，所以最
好提前将长棍面包煎脆。

用制作番茄彩椒沙拉及香蕉嫩芽沙拉
剩下的食材制作

番茄彩椒汁&
香蕉花生牛奶

推荐孩子喝甜甜的香蕉花生牛奶，
推荐女性喝富含维生素、
对皮肤有好处的番茄彩椒汁。

番茄彩椒汁

材料

番茄 1 个、橙色彩椒 1/2 个、冰水适量、蜂蜜少许

制作过程

01 将番茄放在沸水中氽一下，剥去表皮后切
成块。

02 将彩椒洗净后去籽、切成块。

03 将切成块的番茄、彩椒及冰水放入搅拌机
中搅拌，最后根据个人喜好添加蜂蜜。

香蕉花生牛奶

材料

香蕉 1 根、花生碎 3 大勺、牛奶 1 杯

制作过程

01 将香蕉去皮后切成块。

02 将花生碎放至无水的平底锅中炒熟。

03 将香蕉、花生碎、牛奶倒入搅拌机中搅拌。

豆腐牡蛎韭菜沙拉

一块块煎豆腐上放着清香的牡蛎和韭菜，
一口就能吃下一整块。
在没有牡蛎的季节，
可以用鸡肉或鱿鱼来代替牡蛎。

黑芝麻调味汁

材料

豆腐1块、牡蛎1杯、韭菜100g、青椒1个、红椒1个、洋葱1/4个，食用油、食盐、胡椒粉各少许
黑芝麻调味汁：黑芝麻粉2大勺、海带汤2大勺、胚芽油1大勺、芝麻油1大勺、酱油1小勺、食盐少许

制作过程

01 将豆腐用厨房纸包裹后，用砧板或盘子压着以沥干水分（图1）。

02 将豆腐切成1cm厚的块，撒上少许食盐和胡椒粉提味。锅中倒入适量食用油，烧热后放入豆腐煎一下。

03 牡蛎用淡盐水洗净后，放到沸水中稍微氽一下（图2）。

04 将韭菜洗净后切成4～5cm长的段，将青椒、红椒、洋葱切成4cm长的丝。

05 在煎好的豆腐上放牡蛎、韭菜、青椒、红椒、洋葱，将黑芝麻调味汁的各原料混合均匀后淋在上面。

贴心叮咛

· 豆腐在充分沥干水分后再煎才不会在煎的过程中碎掉。
· 如果是在盛产牡蛎的季节，可以不氽牡蛎，直接用生牡蛎。

紫色马铃薯火腿西蓝花沙拉

最近可以很方便地在市面上买到
紫色、红色、黄色等各种颜色的马铃薯，
沙拉也因此变得五彩缤纷。
紫色马铃薯中富含具有抗氧化作用的花青素，
对健康有益。

芥末籽酱调味汁

材料

紫色马铃薯（中等大小的）2 个（300g）、
火腿 100g、西蓝花 1/2 棵、洋葱 1/4 个、
卷心菜 2 片、食盐少许
芥末籽酱调味汁：芥末籽酱 1.5 大勺、橄
榄油 3 大勺、食醋 3 大勺、蜂蜜 1 大勺、
食盐 1 小勺、胡椒粉少许

制作过程

01 将紫色马铃薯洗净后，放在蒸锅中蒸软，去皮后切成 1.5cm 见方
的小块（图 1）。

02 将卷心菜切成合适的大小后，放入冷水中浸泡，捞出并沥干水分。

03 将西蓝花切成小块后，放在煮沸的、加了食盐的水中氽一下，捞
出待凉。火腿也放在沸水中稍微煮一下，去掉对人体有害的成分。

04 将氽好的火腿及洋葱切成 1cm 见方的小块后，放至加了少量油
的热锅中翻炒（图 2）。

05 将芥末籽酱调味汁的各原料混合均匀，制成调味汁。

06 将卷心菜铺在盘子上，再放上食材，最后淋上调味汁。

贴心叮咛

· 芥末籽酱是混有芥末籽的芥末酱，咀嚼时能嚼到芥末籽，口感不错。如
果家中没有芥末籽酱，也可以用芥末酱来代替。

酱炒牛肉绿色沙拉

这是一道营养均衡的沙拉。
如果你平日爱吃肉食，
那么为了促进消化，
你需要常吃一些富含膳食纤维的蔬菜。

烤肉调味汁

材料

牛里脊肉 200g、洋葱 1/2 个、青椒 1/2 个、红椒 1/2 个、胡萝卜 1/6 根、莜麦菜 1 株、神仙草 3 片，食盐、胡椒粉、橄榄油各少许

烤肉调味汁：酱油 3 大勺、白砂糖 2 大勺、食醋 2 大勺、柠檬汁 2 大勺、芝麻油 2 大勺、胚芽油 1 大勺、芝麻盐 1 大勺、蒜泥 2 小勺

制作过程

01 将牛里脊肉除去血水后，切成 2cm 见方的小块，撒上少许食盐和胡椒粉腌制（图 1）。

02 将洋葱、胡萝卜、青椒、红椒切成 1.5cm 见方的小块。

03 将莜麦菜、神仙草均切成合适的大小，放在水中浸泡，再捞出并沥干水分。

04 将平底锅烧热后倒入少量橄榄油，放入牛里脊肉煎一下。

05 将烤肉调味汁的各原料混合均匀，制成调味汁。

06 当牛里脊肉煎至五分熟时放入洋葱、胡萝卜、青椒、红椒，再倒入一半烤肉调味汁进行翻炒（图 2）。

07 将莜麦菜、神仙草放入盘子中，再放上炒好的牛里脊肉和蔬菜，最后淋上剩下的一半调味汁。

蘑菇炒蛋沙拉

加了蘑菇丁的香滑、柔软的炒鸡蛋，
搭配上有助于恢复精力的芦笋，
再撒上美味的胡椒调味汁，
清晨的食欲立刻被唤醒。

材料 ··········  ·········· 胡椒调味汁

香菇 1 个、双孢菇 2 个、蟹味菇半把
（50g）、鸡蛋 2 个、牛奶 3 大勺、芦笋
10 根、圣女果 5 个、洋葱 1/4 个，食盐、
食用油、胡椒粉各少许
胡椒调味汁：胡椒籽 1 大勺、橄榄油 3
大勺、意大利香醋 1 大勺、柠檬汁 1 大
勺、蒜泥 1 小勺、食盐少许

制作过程

01 将鸡蛋打匀成鸡蛋液。

02 将香菇、双孢菇、蟹味菇切成丁，再与鸡蛋液、牛奶搅拌均匀，
撒上少许食盐和胡椒粉调味（图 1）。

03 掐去芦笋老的部分，将嫩的部分放入煮沸的盐水中煮 5 分钟，捞
出待凉后将每根芦笋切成 3 ～ 4 等份。

04 将圣女果洗净后对半切开，将洋葱切成丝。

05 在烧热的平底锅中加入适量食用油，放入混有蘑菇丁的牛奶蛋液，
用筷子搅拌（图 2）。

06 将芦笋、圣女果、洋葱放在盘子中混合均匀，再放上炒好的鸡蛋
和蘑菇丁，将胡椒调味汁的各原料混合均匀后淋在上面。

贴心叮咛

· 要想让炒鸡蛋更加柔软，在鸡蛋炒熟前用筷子搅拌一下。

鸡肉糙米饭沙拉

健康谷物——糙米，
粒粒分明、有嚼劲，
很适合用来做沙拉。
再搭配筋道的鸡肉和蚝油调味汁，
一盘具有中国风味的沙拉就做好了。

蚝油调味汁

材料

鸡腿肉 200g、花生碎 2 大勺、洋葱 1/4
个、糙米饭 1 碗、卷心菜 5 片、苦苣菜
5 片、食用油少许
底料：酱油 1 小勺、淀粉 1 小勺、颗粒
较大的干辣椒丁（1 个辣椒的量）、蒜
泥 1 小勺、料酒 1 大勺
蚝油调味汁：蚝油 1 大勺、水 2 大勺、
食醋 2 大勺、芝麻油 1 大勺、白砂糖 1
大勺

制作过程

01 将鸡腿肉切成 2.5cm 长的小块，用底料腌制一会儿（图 1）。

02 将洋葱切成丝，将卷心菜和苦苣菜均切成合适的大小，放入冷水
中浸泡，再捞出并沥干水分。

03 在烧热的平底锅中倒入适量食用油，放入腌制好的鸡腿肉煎熟。

04 在煎鸡腿肉的平底锅中倒入糙米饭和花生碎，将糙米饭炒至不硬
不软的程度（图 2）。

05 将蔬菜放在盘子中混合均匀，再放上炒好的鸡腿肉、糙米饭及花
生碎，最后将蚝油调味汁的各原料混合均匀后淋在上面。

贴心叮咛

· 鸡腿肉要先腌制，不仅可以去腥，而且可使肉质更嫩。
· 用煎鸡腿肉的热锅直接炒糙米饭，可以使鸡腿肉的香味进入饭中，
使风味更加独特。糙米饭要用冷饭，这样才能炒至不硬不软、刚刚
好的程度。

将饺子皮炸脆后，
在馅上撒上辣辣的萨尔萨调味汁，
可以拿在手中且方便分享的
派对沙拉就完成了。
用盐水氽熟后变甜的嫩黄豆
配上脆脆的饺子皮……
这是一道深受大众喜爱的沙拉。

饺子皮杯沙拉

萨尔萨调味汁

材料

什锦豆 1 杯、虾仁 10 只、圣女果 5 个、
黑橄榄 5 个、玉米粒 3 大勺、饺子皮（大的）
10 张、油炸用油适量、食盐少许
萨尔萨调味汁：番茄 1 个（切成丁）、洋
葱 1/4 个（切成末）、青椒 1 个（切成丁）、
橄榄油 2 大勺、柠檬汁 1 大勺、食醋 1 大
勺、塔巴斯科辣椒酱 1 大勺、白砂糖 1 大勺、
食盐 1/2 小勺、胡椒粉少许

制作过程

01　将什锦豆洗净后放在足量的淡盐水中煮软，捞出后沥干水分
　　（图 1）。

02　将虾仁放在沸水中稍稍氽一会儿。

03　将玉米粒放在沸水中稍稍氽一会儿后，放到筛子中，沥干水分。

04　将圣女果和黑橄榄均切成片。

05　将饺子皮做成碗状放入深凹进去的筛子中，再放到 180℃的
　　热油中炸（图 2）。

06　将第一至第四步中的食材装入炸好的饺子皮中，将萨尔萨调
　　味汁的各原料混合均匀后淋在上面。

贴心叮咛

· 什锦豆用淡盐水氽熟后会更甜，也会更加受孩子们喜爱。

墨西哥薄饼海鲜沙拉

在墨西哥薄饼海鲜沙拉上撒上奶酪粒，
再将沙拉放到烤箱里烤一下。
这道沙拉不仅可以作为下酒菜，
还能当零食享用。

大蒜罗勒调味汁

材料

墨西哥薄饼（中等大小的）2 张、虾仁
8 只、鱿鱼身体（1 只的量）、贻贝 10 只、
帕玛森奶酪 3 大勺、卷心菜 4 片、苦苣
菜 5 片、橙色圣女果 5 个、洋葱 1/4 个、
橄榄油适量
大蒜罗勒调味汁：大蒜 2 瓣、罗勒末 2
小勺、橄榄油 3 大勺、食醋 2 大勺、意
大利香醋 1 大勺、食盐 1 小勺

制作过程

01 在抹了橄榄油的热锅中平铺上墨西哥薄饼煎一下（图 1）。

02 将虾仁放入沸水中汆熟。鱿鱼挖去内脏后切成块，再放到沸水中
汆熟。贻贝煮到壳张开，挖出肉。

03 将卷心菜和苦苣菜均切成合适的大小后，放入冷水中浸泡，捞出
并沥干水分。

04 将洋葱切成 5cm 长的丝，放到冷水中浸泡，捞出并沥干水分，
再将橙色圣女果对半切开。

05 将大蒜切成末，放至倒有橄榄油的热锅中炒一下，再盛至筛子中
沥去油（图 2）。

06 将沥干油后的蒜末与大蒜罗勒调味汁中剩余的各原料混合均匀，
制成调味汁。

07 将煎好的墨西哥薄饼放在盘子中，再放上海鲜和蔬菜并混合均匀，
再淋上调味汁，撒上帕玛森奶酪，放入预热后的烤箱中烤至奶酪
拉丝即可。

马铃薯洋葱飞鱼子沙拉

煎熟的马铃薯搭配飞鱼子，
再淋上酸甜的香橙调味汁，
越吃越想吃。

材料

香橙调味汁

马铃薯 2 个、洋葱 1 个、苦苣菜 4 片、生菜 6 片（或卷心菜 3 片）、飞鱼子 3 大勺、食盐、胡椒粉、橄榄油各少许

香橙调味汁：橙子 1/2 个、洋葱 1/4 个、橄榄油 3 大勺、食醋 2 大勺、白砂糖 1 大勺、食盐 1 小勺

制作过程

01 将马铃薯带皮洗净后切成 7mm 厚的片，放入冷水中浸泡以除去淀粉。

02 将洋葱切成末，撒上少许食盐腌制一会儿，出水后挤干水分。

03 将苦苣菜和生菜均切成合适的大小，放入冷水中浸泡，捞出并沥干水分。

04 将第一步中的马铃薯放在筛子上，沥干水分后撒上少许食盐和胡椒粉，然后放在涂有橄榄油的平底锅中煎熟。

05 将橙子去皮，只留果肉。将橙子和洋葱都切成块后，与香橙调味汁的其他原料一起放入搅拌机中搅拌。

06 将苦苣菜和生菜放在煎好的马铃薯上面，再放上洋葱末和飞鱼子，最后淋上调味汁。

红薯苹果燕麦片沙拉

忙碌的早晨，
我们常以燕麦片为早餐。
现在你也可以尝试做这道与众不同的
红薯苹果燕麦片沙拉。
把它装在纸杯中或碗里，
无论何时何地你都可以享用。

材料 ...... 红豆调味汁

红薯（中等大小的）2 个（400g）、苹果
1 个、燕麦片 5 大勺
红豆调味汁：煮熟的红豆 3 大勺、牛奶
2 大勺、胚芽油 1 大勺、食盐 1/2 小勺

贴心叮咛

- 做红豆调味汁时，既
  可以将红豆搅拌得细
  一些，也可以加入酸
  奶做得稀一些。

制作过程

01 将红薯洗净后，放在蒸锅中蒸软，拿出待凉后去皮切成 1.5cm 见
   方的小块。
02 将苹果洗净，去籽后切成 1.5cm 见方的小块。
03 将红豆调味汁的各原料放入搅拌机中搅拌（图 1）。
04 将红薯和苹果混合均匀，淋上调味汁，最后撒上燕麦片。

>> 红薯

红薯富含膳食纤维，有利于缓解便秘。膳食纤维不仅可以促进肠道蠕动，
有助于通便，还能有效缓解便秘并减少大便在肠道内堆积的时间，因而能
有效预防大肠癌。此外，红薯还富含维生素 A 和 B 族维生素，可以提高人
体免疫力，有效预防老化。

对于平时不怎么爱吃蔬菜的人，
如果把蔬菜和喜欢吃的其他食材搭配在一起，
就会吃得很香吧？
烤串沙拉再搭配炒饭的话，
就是一道很适合在野外烧烤时
享用的美食。

烤串沙拉

材料

香草黄油调味汁

法兰克福香肠 10 根、培根 4 片、圣女果
10 个、西葫芦 1/5 个、红色彩椒 1/4 个、
黄色彩椒 1/4 个、洋葱 1/4 个、莜麦菜 1
株、冷饭 2 碗、橄榄油少许
香草黄油调味汁：黄油 3 大勺、罗勒末 2
小勺、西芹末 1 小勺、洋葱末 2 大勺、蒜
泥 1 小勺、柠檬汁 1 大勺、意大利香醋 1
小勺、食盐 1 小勺

制作过程

01 将法兰克福香肠划几刀，放入沸水中稍微汆一下；培根也放入
沸水中汆一下，捞出后卷起来。

02 将西葫芦切成 1cm 厚的半圆片，彩椒去籽后切成与西葫芦差不
多大小的半圆片。

03 将圣女果对半切开；将洋葱和彩椒切成一样大；将莜麦菜切成
合适的大小后放入冷水中浸泡，捞出并沥干水分。

04 将香草黄油调味汁的各原料倒入平底锅中，加热至黄油完全融
化（图 1）。

05 用竹签将法兰克福香肠、培根及蔬菜串起来。

06 平底锅中倒入少许橄榄油，倒入调味汁后放入串串煎一会儿。

07 在煎完串串的锅中倒入冷饭翻炒（图 2）。

08 将炒好的冷饭倒入盘子中，再放上莜麦菜和串串即可。

香橙熏三文鱼沙拉

可以提升食欲的三文鱼，
由于脂肪较多，
所以吃起来可能觉得有点儿腻。
但是如果搭配酸甜的香橙或柠檬，
三文鱼的腥味和油腻感就会大大减轻，
这种搭配非常协调。

奶油奶酪调味汁

材料

熏三文鱼 6 片、橙子 1 个、四季豆 15 ~
20 根、洋葱 1/4 个，食盐、胡椒粉、柠
檬汁各少许

奶油奶酪调味汁：奶油奶酪 3 大勺、原
味酸奶 2 大勺、柠檬汁 1 大勺、捣碎的
山柑 2 小勺、食盐 1 小勺、白胡椒粉少
许

制作过程

01 在熏三文鱼上撒少许胡椒粉，再淋上少许柠檬汁，然后用厨房纸
按压，吸掉油分（图 1）。

02 将橙子去皮，取出果肉（图 2）。

03 将四季豆洗净后放入煮沸的盐水中余熟，之后捞出并用冷水冲洗。

04 将洋葱切成丝，放入冷水中浸泡，捞出并沥干水分。

05 将奶油奶酪调味汁的各原料混合均匀后，放入冰箱冷藏。

06 将四季豆、洋葱放在盘子中混合均匀，再放上橙子和熏三文鱼，
最后淋上调味汁。

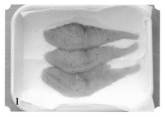

贴心叮咛

· 将柠檬汁淋在熏三文鱼上，可以使熏三文鱼的肉质更加鲜美。

· 橙子的果肉还可以用来榨果汁或做调味汁。

美味
余料

用制作香橙熏三文鱼沙拉
剩下的食材制作

熏三文鱼面包圈

涂抹了香软的奶油奶酪的面包圈，
搭配上一杯黑咖啡，
一份非常不错的纽约式早餐就完成了。
熏三文鱼搭配少许蔬菜，
就可以做一份三明治。

材料

面包圈 1 个、熏三文鱼 3 片、卷心菜 1 片、
苦苣菜少许、洋葱 1/4 个、腌黄瓜 2 块、
奶油奶酪调味汁 2 大勺，食盐、胡椒粉、
柠檬汁各少许

制作过程

01　将面包圈横着对半切开，放入平底锅中煎片刻，再涂上奶油奶酪调味汁。

02　在熏三文鱼上撒少许食盐、胡椒粉，再淋上少许柠檬汁，然后用厨房
　　纸按压，吸掉油分。

03　将卷心菜和苦苣菜均切成合适的大小，放入冷水中浸泡后，捞出并沥
　　干水分；将洋葱和腌黄瓜切成丁。

04　按照面包圈（下半个）、卷心菜、苦苣菜、洋葱、腌黄瓜、熏三文鱼、
　　面包圈（上半个）的顺序依次摆放好各食材。

一盘简单的、吃了不会长肉肉的沙拉！

使用不含油的调味汁，由热量较低的食材制成的沙拉！

简单的、让人毫无负担感的
减肥沙拉

马铃薯番茄沙拉

马铃薯富含多种维生素和矿物质，属于碱性食品，番茄可以净化血液且热量较低，这两种食物对减肥和皮肤美容都很有益处。

洋葱菠萝调味汁

材料

马铃薯 2 个、圣女果 20 个、鹌鹑蛋 5 个、生菜 1 株（或卷心菜 4 片）

洋葱菠萝调味汁：洋葱 1/4 个、菠萝 1 块（30g）、食醋 2 大勺、橄榄油 1 大勺、柠檬汁 1 大勺、白砂糖 1 小勺、食盐 1 小勺

制作过程

01　将马铃薯表皮洗净后，放入蒸锅蒸软，之后去皮，切成小块（图 1）。

02　将圣女果放入沸水中汆一下，捞出后去皮（图 2）。

03　将鹌鹑蛋煮熟后剥壳并对半切开。

04　将生菜切成合适的大小后，放入冷水中浸泡，捞出后沥干水分。

05　将洋葱和菠萝切成块，再与洋葱菠萝调味汁剩余的原料放入搅拌机中搅拌，制成调味汁。

06　将生菜铺在盘子上，再放上马铃薯、圣女果和鹌鹑蛋，最后淋上调味汁。

贴心叮咛

· 为了不使糖分在蒸或煮的过程中流失，马铃薯和红薯最好带皮蒸、煮。

· 圣女果用沸水汆过后要立刻捞出并放在冰水或冷水中，这样皮才更好剥。

荞麦面沙拉

富含膳食纤维和酵素的荞麦面,
在减肥期是一种很好的面粉替代食物。
荞麦面搭配富含无机物的嫩芽,
便是一顿可以增加饱腹感的简餐。

材料

陈醋调味汁

荞麦面 80g、嫩芽 2 包（100g）、卷心菜
2 片、海苔适量
陈醋调味汁：陈醋 2 大勺、萝卜丁 3 大勺、
酱油 2 大勺、白砂糖 1 小勺、芝麻油 1
大勺

制作过程

01 将荞麦面切成 6cm 长的段，放入沸水中煮，当水再次沸腾时倒入
   冷水，重复两次；荞麦面煮软后捞出，放入冷水中过凉（图 1）。

02 将嫩芽放在筛子中，用流水洗净；将卷心菜切成合适的大小后放入
   冷水中浸泡，捞出后沥干水分。

03 用剪刀将海苔剪成 4cm 长的丝。

04 将陈醋调味汁的各原料混合均匀，制成调味汁（图 2）。

05 将卷心菜和嫩芽放在盘子中，将荞麦面卷成团后放在上面，再撒上
   海苔，淋上调味汁。

贴心叮咛

· 煮荞麦面时，在煮沸的水中加冷水续煮可以使面煮得更软。

卷心菜胡萝卜沙拉

将卷心菜和胡萝卜稍稍翻炒，不仅可以增加甜味，还能促进人体对脂溶性营养成分的吸收。
再搭配香味四溢的芝麻味噌调味汁，你就可以享用一道风味独特的卷心菜胡萝卜沙拉了。

 材料

芝麻味噌调味汁

卷心菜 4 片、胡萝卜 1/3 根、洋
葱 1/4 个、海带汤 2 大勺、食用
油 2 小勺
芝麻味噌调味汁：芝麻 2 大勺、
味噌 1 大勺、海带汤 2 大勺、食
醋 2 大勺、芝麻油 1 大勺、白砂
糖 1 小勺

制作过程

01 将卷心菜、胡萝卜、洋葱切成 5cm 长的薄片。
02 将芝麻味噌调味汁的各原料放入搅拌机中搅
   拌，制成调味汁。
03 平底锅中倒入海带汤和食用油，再放入卷心菜
   翻炒。
04 卷心菜炒熟后，放入胡萝卜和洋葱快速翻炒。
05 将炒好的蔬菜盛到碗中，最后淋上调味汁。

贴心叮咛

· 炒蔬菜时，在平底锅
中稍微倒一点儿油后
再倒水（或肉汤）进
行翻炒的话，可以降
低热量，减少油腻感。

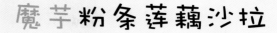

魔芋粉条莲藕沙拉

钙含量高，且可以促进肠胃蠕动的
魔芋粉条是很好的减肥食材。
鲜脆的莲藕有助于
排除体内的废物、清洁皮肤。

苏籽调味汁

★材料

魔芋粉条1杯（200g）、莲藕150g、卷心
菜3片、苦苣菜3～4片、红色小辣椒1个、
橙色小辣椒1个、黄色小辣椒1个、食醋
2大勺

苏籽调味汁：苏籽粉2大勺、白苏籽油1
大勺、食醋2大勺、柠檬汁1大勺、白砂
糖2小勺、食盐1/2小勺

制作过程

01 将魔芋粉条用沸水汆一下，再放在筛子上沥干水分（图1）。

02 莲藕去皮后切成5mm厚的薄片，放入倒有食醋的冷水中稍稍浸泡后，
捞出并沥干水分（图2）。

03 将卷心菜和苦苣菜均切成合适的大小后，放入冷水中浸泡，捞出并
沥干水分。

04 将小辣椒洗净，切成圆片。

05 将苏籽调味汁的各原料混合均匀，制成调味汁。

06 将魔芋粉条、莲藕、卷心菜、苦苣菜、小辣椒放入碗中，最后淋上
调味汁。

>> 魔芋粉条

　　魔芋粉条是由魔芋粉制成的碱性食物。魔芋粉条不仅含有丰富的钙，
还含有特殊的酵素，可以净化肠道、调节肠道对脂肪的吸收。魔芋粉条可
以帮助通便，促进消化、吸收和细胞的代谢，有利于排毒。食用魔芋粉条
的时候要先将其放至沸水中烫一下，以除去其特有的气味，用不完的魔芋
粉条可以用冷水浸泡后放到冰箱冷藏。

苹果卷心菜石榴沙拉

减肥时，常会吃很多水果来补充水分。
但是水果的有机酸会刺激胃壁，因而建议搭配卷心菜一起食用。

材料

芥末籽酸奶调味汁

苹果 1 个、卷心菜 2 片、
石榴 1/4 个
芥末籽酸奶调味汁：芥
末籽酱 1 大勺、原味酸
奶 1/2 杯、蜂蜜 1 小勺、
柠檬汁 1 大勺、食盐 1/2
小勺

制作过程

01 将苹果洗净后切成薄片。

02 将卷心菜洗净后切成条。

03 石榴去表皮，取出石榴粒。

04 将芥末籽酸奶调味汁的各原料混合均匀，制成调
味汁。

05 将苹果、卷心菜、石榴粒放入碗中混合均匀，最
后淋上调味汁。

>> 石榴

石榴富含维生素 C、钾、
钙等成分。另外，石榴还含
有植物雌激素，有利于女性
美容及健康。

用制作魔芋粉条莲藕沙拉和苹果卷心菜石榴沙拉剩下的食材制作

莲藕酸奶汁 &
卷心菜石榴汁

颜色鲜艳的卷心菜石榴汁，
即使不放蜂蜜或低聚糖，
也还有石榴固有的甜味。
如果你正在为减肥引起的便秘而苦恼，
一杯莲藕酸奶汁就能解决你的问题啦。

莲藕酸奶汁

材料

莲藕 100g、原味酸奶（或水果酸奶）1 杯、冰块
1/2 杯

制作过程

01　将莲藕去皮后切成块。

02　将切成块的莲藕、酸奶、冰块放入搅拌机
中搅拌。

卷心菜石榴汁

材料

卷心菜 1 片、石榴 1/4 个、冰水适量

制作过程

01　将卷心菜洗净后切碎。

02　将石榴去掉表皮，取出石榴粒。

03　将卷心菜、石榴粒、冰水放到搅拌机中
搅拌，再将搅拌后的混合液体过筛，滤
去固体颗粒。

尖椒嫩豆腐沙拉

尖椒中的辣椒素成分可以促进新陈代谢，有助于减肥，而且尖椒中的维生素能增强免疫力。辣辣的尖椒，再搭配滑软的嫩豆腐和生姜调味汁，让人越吃越想吃。

生姜调味汁

材料

尖椒 2 把（200g）、番茄 1 个、嫩豆腐 1/2 块、洋葱 1/4 个

生姜调味汁：生姜汁 2 小勺、酱油 2 大勺、海带柴鱼高汤 2 大勺、食醋 2 大勺、白砂糖 1 大勺、芝麻油 2 小勺、芝麻 1 小勺

制作过程

01 尖椒洗净后放入沸水锅中蒸 5 分钟左右，关火后打开锅盖放置一会儿（图 1）。

02 将番茄放入沸水中氽一下，捞出，去皮，切成 1.5cm 见方的小块（图 2）。

03 将嫩豆腐和洋葱均切成 1cm 见方的小块。

04 将生姜调味汁的各原料混合均匀，制成调味汁。

05 将蒸好的青椒放入盘中，淋上部分调味汁，再放上嫩豆腐、番茄、洋葱，最后淋上剩余的调味汁。

贴心叮咛

· 青椒若蒸得过久，颜色会发黄，口感较差。

鸡胸肉牛油果沙拉

无论男女老少，只要一开始减肥，
最先找的食材基本就是
高蛋白、低热量的鸡胸肉。
干涩、难以下咽的鸡胸肉
搭配牛油果后，
口感会变得相当爽滑。

材料

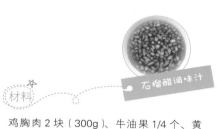

石榴醋调味汁

鸡胸肉 2 块（300g）、牛油果 1/4 个、黄瓜 1/2 根、黄色彩椒 1/4 个、橙色彩椒 1/4 个、卷心菜 3 片、苦苣菜 4 片
石榴醋调味汁：石榴醋 3 大勺、洋葱末 3 大勺、蒜泥 1 小勺、食盐 1/2 小勺、白砂糖少许

制作过程

01 将鸡胸肉煮软后，撕成合适的大小（图 1 ）。
02 将牛油果去核剥皮后，切成 5mm 厚的半圆片（图 2 ）。
03 将黄瓜和苦苣菜切成 5cm 长的丝。
04 将卷心菜和彩椒均切成合适的大小后，放入冷水中浸泡，捞出并沥干水分。
05 将鸡胸肉、牛油果、黄瓜、彩椒、卷心菜、苦苣菜放在盘中并混合均匀，将石榴醋调味汁的所有原料混合均匀后淋在上面。

贴心叮咛

· 将鸡胸肉煮熟后再撕碎，有利于消化。
· 牛油果先竖着对半切开，除去内核后再剥皮、切果肉。

菠菜草莓核桃沙拉

菠菜富含钙和铁，
无论是对因反复减肥
而引起贫血的女性，
还是对处于生长期的孩子来说，
它都是非常好的食物。
菠菜搭配甜甜的草莓和淡香的核桃，
含有各类营养物质的健康沙拉就完成了。

材料　　柠檬皮调味汁

菠菜 10 株（200g）、草莓 1 杯（150g）、
洋葱 1/4 个、核桃 4 瓣、橄榄油少许
柠檬皮调味汁：切碎的柠檬皮 1 大勺、
柠檬汁 3 大勺、橄榄油 1 大勺、白砂糖
1 大勺、食盐 1/2 小勺

制作过程

01 菠菜洗净后将叶子分开；核桃在沸水中烫一下后捞出，碾成
颗粒（图 1）。

02 草莓洗净后切成小块，洋葱切成 5cm 长的丝。

03 平底锅中放少许橄榄油，油热后放入核桃翻炒。

04 锅中再放入菠菜和洋葱快速翻炒（图 2）。

05 将食材盛入盘子中，再放上草莓。将柠檬皮调味汁的各原料
混合均匀后淋在上面。

贴心叮咛

· 将菠菜的叶子分开时，要注意根部的粉红色部位尽量不要切去。
· 在炒核桃的平底锅中加入菠菜和洋葱一起翻炒，可使核桃的香味进
入蔬菜里。快速翻炒菠菜是为了保留其鲜脆感和甜味。

纳豆搭配蔬菜一起吃，
不仅可以促进肠道蠕动、预防便秘，
还能阻止废物在体内堆积。
纳豆搭配甜甜的梨，
可以减少纳豆特有的臭味和黏丝。

芥末芝麻调味汁

材料

纳豆 3 大勺、梨 1/2 个、苦苣菜 10 片、
海苔 1/4 张
芥末芝麻调味汁：芥末酱 2 小勺、芝麻 2
大勺、海带汤 2 大勺、芝麻油 1 大勺、酱
油 2 小勺

制作过程

01 将纳豆从盒中取出，用筷子拨散（图 1）。

02 将梨切成 5cm 长的细条；将苦苣菜切成合适的大小后放入冷水
中浸泡，捞出后沥干水分。

03 用剪刀将海苔剪成 4cm 长的丝。

04 将芥末芝麻调味汁的各原料混合均匀，制成调味汁。

05 将梨、苦苣菜、海苔放在盘子中混合均匀，再放上纳豆，最后淋
上调味汁。

1

>> 纳豆

　　纳豆是由黄豆发酵而成的，富含对人体有益的菌群，是一种可以预防
高血压、降低胆固醇的健康食品。纳豆中富含的益生菌会产生许多黏丝，
所以食用时最好先用筷子将纳豆拨开。

炒洋葱茄子沙拉

减肥期间，
与减少食物摄入量以减少热量一样，
排出体内堆积的毒素也是至关重要的。
洋葱是具有代表性的解毒食物，
在净化血管、预防心血管疾病方面
具有很好的功效。

柚子蜜调味汁

材料

洋葱 1 个、茄子 1 个、食用油 1 大勺、水
2 大勺、食盐少许
柚子蜜调味汁：柚子蜜 1 大勺、海带柴鱼
高汤 2 大勺、酱油 1/2 大勺、食醋 1 大勺、
柠檬汁 1 大勺、白砂糖 1 小勺

制作过程

01 将洋葱切成 5cm 长的丝。
02 将茄子斜着切成片后撒上少许食盐（图 1）。
03 烧热的平底锅中倒入食用油后放入洋葱翻炒。
04 将洋葱盛出，在锅中放入少许水后放入茄子翻炒。
05 将柚子蜜调味汁的所有原料混合均匀，制成调味汁，淋在炒好的
   洋葱和茄子上。

贴心叮咛

· 做海带柴鱼高汤时，若柴鱼煮得太久，汤的味道会发涩并有腥味，
  一般将柴鱼放入海带汤中煮 5 分钟左右就可以了。

蘑菇番茄菠菜沙拉

蘑菇属于低热量减肥食物，
它富含的膳食纤维可以促进肠道蠕动，
阻止过剩的营养成分在体内堆积。
菠菜可以补充铁，
能改善贫血状况。

香醋调味汁

材料

菠菜 10 株（200g）、杏鲍菇 1 个、香菇 1 个、
双孢菇 2 个、番茄 1/2 个、洋葱 1/4 个

香醋调味汁：意大利香醋 2 大勺、橄榄油
1 大勺、蒜泥 1 小勺、食盐 1/2 小勺、胡椒
粉少许

制作过程

01 将杏鲍菇、香菇、双孢菇切成合适的大小，将番茄切成 6 ～ 8 等份。

02 将菠菜摘成一片片的，将洋葱切成细丝。

03 平底锅中放入少许水后，倒入洋葱和蘑菇煮软（图 1）。

04 平底锅中再放入菠菜和番茄，倒入香醋调味汁的各原料后快速翻炒
（图 2）。

贴心叮咛

· 洋葱和蘑菇需要煮软，菠菜和番茄只要煮到发蔫就可以了。用大火
快速翻炒才能保留食材鲜嫩的口感。

草莓垂盆草沙拉

垂盆草营养、味道俱佳,
只要再淋上
清爽的柠檬花生调味汁,
一份早午餐沙拉就完成了。

柠檬花生调味汁

材料

草莓 200g(2 杯)、垂盆草 1 株(100g)、
洋葱 1/4 个、苦苣菜 3 片
柠檬花生调味汁:柠檬汁 3 大勺、花生
碎 2 大勺、橄榄油 1 大勺、白砂糖 1 大勺、
食盐 1 小勺、切碎的柠檬皮少许

制作过程

01 草莓洗净后每个均切成 2~4 等份。

02 将垂盆草洗净后切成合适的大小(图 1)。

03 将洋葱切成丝,将苦苣菜切成合适的大小后放入冷水中浸泡,捞
出后沥干水分。

04 将柠檬花生调味汁的各原料混合均匀,制成调味汁。

05 将草莓、垂盆草、洋葱、苦苣菜放入沙拉碗中,最后淋上调味汁。

贴心叮咛

· 先清洗草莓再去蒂,这样草莓的甜味才不会流失。

材料

猪里脊肉 250g、苹果 1/2 个、
菠萝 1 块、洋葱 1/4 个、小松
菜 3 株、橡树叶 4 片（或苦苣
菜 4 片）、大蒜 3 瓣
芥末调味汁：芥末酱 1 大勺、
水 2 大勺、食醋 2 大勺、白砂
糖 1 小勺、食盐 1 小勺、芝麻
油 1 小勺、酱油少许

芥末调味汁

猪里脊蔬菜沙拉

猪里脊肉几乎不含脂肪，口感柔滑，
是适合减肥的高蛋白低热量健康食品。
芥末调味汁可以促进吸收和消化，
和猪里脊蔬菜沙拉是绝配。

制作过程

01 将苹果、菠萝、洋葱切成扇形片。

02 将猪里脊肉汆去血水，再放入洋葱和大蒜煮至肉
熟，捞出后待凉，切成片。

03 将小松菜洗净后一片片地分开；将橡树叶切成合
适的大小后放入冷水中浸泡，捞出后沥干水分。

04 将芥末酱放在水中散开，再放入芥末调味汁的其
他原料混合均匀，制成调味汁。

05 将水果和蔬菜放在盘子中混合均匀，再放上猪里
脊肉片，最后淋上调味汁。

贴心叮咛

· 煮肉时，用叉子插着肉可以使
肉质更具弹性。叉子掉下来时，
表示肉里面已经煮熟了。

· 芥末酱混合白砂糖及食醋后不
容易散开，所以芥末酱要在水
中散开后再与其他原料混合。

烤鱿鱼沙拉

每天靠吃蔬菜来填饱肚子的话，
再怎么美味的蔬菜也会吃腻吧？
请尝试把日常的普通食材
放到烤架上烤一烤吧。
略带烤痕的蔬菜和鱿鱼
绝对会唤起你的食欲。

烤酱调味汁

材料

鱿鱼1只、茄子1个、西葫芦1个、青椒
1个、红椒1个、芝麻油2小勺，食盐、
胡椒粉各少许

腌鱿鱼调料：橄榄油1小勺、蒜泥1小勺、
意大利香醋1小勺、柠檬汁1小勺，西芹
粉、食盐、胡椒粉各少许

烤酱调味汁：食醋2大勺、洋葱末2大勺、
酱油1大勺、芝麻油1大勺、意大利香醋
1小勺、蒜泥1小勺，食盐、胡椒粉各少许

制作过程

01 鱿鱼先不切，拽住触手取出内脏。

02 将鱿鱼洗净，在身体上划几刀，除去水分后放入腌鱿鱼调料中腌
制一会儿（图1）。

03 将蔬菜切成块后涂上芝麻油、食盐及胡椒粉。

04 用热锅或烤架烤鱿鱼和蔬菜（图2）。

05 将烤好的鱿鱼切成合适的大小，再与烤好的蔬菜一起放入盘子中。
将烤酱调味汁混合均匀后淋在上面。

贴心叮咛

· 鱿鱼腌制后，即使烤的时间很长，鱿鱼也不会老，而且更易入味，
最后的烤酱调味汁即使淋得不多味道也不会淡。

· 要用充分烧热的锅或烤架烤鱿鱼和蔬菜，这样口感才会更好，且食
材不会出汁。

牛蒡西芹沙拉

牛蒡富含膳食纤维，
还含有菊粉这一物质，
可以预防糖尿病、高血压等。
生牛蒡吃起来脆脆的，
很适合用来做沙拉。

材料 ······ ● 核桃豆腐调味汁

牛蒡 1 根、西芹 1 根、食醋 1 大勺
核桃豆腐调味汁：核桃 3 瓣、豆腐 1/4 块、
豆奶 1/2 杯、柠檬汁 3 大勺、白砂糖 2 大
勺、橄榄油 1 大勺、食盐 1 小勺

制作过程

01 将牛蒡去皮后，像削铅笔一样削成细条，放入倒有食醋的冷水中
浸泡，再捞出并沥干水分（图 1）。

02 将西芹先切成 5cm 长的段，刮去表皮较粗的纤维后再切成丝，
放入冷水中浸泡后捞出并沥干水分（图 2）。

03 将核桃豆腐调味汁的各原料放入搅拌机中搅拌，制成有小颗粒的
调味汁。

04 将牛蒡和西芹放在盘子中，最后淋上调味汁。

贴心叮咛

· 像削铅笔一样削牛蒡，可以保留牛蒡的膳食纤维，这样牛蒡生吃起
来会脆脆的。

· 用刀刮去西芹表皮较粗的纤维，这样更有利于消化，生吃西芹也毫
无负担。

松子山药沙拉

减肥食谱上的食物
一般都缺乏脂肪和蛋白质，
而只吃这类食物会造成营养不均衡，
引起脱发和皮肤干燥等问题。
松子山药沙拉
可以给干燥的皮肤和毛发增加光泽，
修复受损细胞。

豆腐柠檬调味汁

材料

山药 100g、黄瓜 1/4 根、胡萝卜 1/4 根、卷心菜 4 片、苦苣菜 5 片、松子 1 大勺、食醋 2 小勺

豆腐柠檬调味汁：豆腐 1/4 块、柠檬汁 3 大勺、切碎的柠檬皮 1 大勺、豆奶 1/2 杯、白砂糖 1 大勺、橄榄油 2 小勺、食盐 1/2 小勺

制作过程

01 将山药去皮后切成 5mm 厚的圆片，放在倒有食醋的冷水中浸泡后捞出并沥干水分。

02 将黄瓜和胡萝卜均切成 5mm 厚的圆片，放入冷水中浸泡后捞出并沥干水分。

03 将卷心菜和苦苣菜放至切成合适的大小，放入冷水中浸泡后捞出并沥干水分。

04 将松子放至无水的热锅中干炒（图 1）。

05 将豆腐汆一下后切成块，再与豆腐柠檬调味汁的其他原料一起放入搅拌机中搅拌，制成调味汁（图 2）。

06 将山药和其他蔬菜放在盘子中混合均匀，淋上调味汁，最后撒上松子。

贴心叮咛

· 炒松子时，每一粒松子都要充分炒熟，这样味道才更香。
· 最好用柠檬汁和切碎的柠檬皮来代替食醋，这样沙拉的味道更佳。

材料

紫薯（中等大小的）1 个、苹果 1/2 个、小松菜 2 株
山药梨调味汁：山药 50g、梨 1/6 个、食醋 2 大勺、柠檬汁 1 大勺、胚芽油 1 大勺、白砂糖 1 小勺、食盐 1 小勺

山药梨调味汁

紫薯沙拉

紫薯的含水量比普通的红薯更少，
因此紫薯煮熟后会干涩难咽。
但生的或油炸后的紫薯，
比一般的红薯更甜。

制作过程

01 紫薯洗净后去皮，切成 5mm 厚的半圆片。

02 苹果洗净后先切成 2～3 等份，再切成 5mm 厚的半圆片。

03 将菠菜洗净后一片片分开。

04 将山药和梨去皮后切成块，再与山药梨调味汁的其他原料一起放入搅拌机中搅拌，制成调味汁。

05 将紫薯、苹果、小松菜放在盘子中混合均匀，最后淋上制作好的调味汁。

>> 山药

山药被称作"山上的鳗鱼"，可见其所含的营养很丰富。山药是富含碳水化合物、蛋白质、铁、钙等的碱性食物，含有独特的黏蛋白，有助于消化和肠胃蠕动。将山药和梨一起研磨，梨的石细胞使山药的黏性消失的同时，可以增添甜味。一份清凉爽口的调味汁就完成了。

番茄鸡蛋莜麦菜沙拉

番茄和煮鸡蛋，
搭配风味独特的炒洋葱调味汁，
就能做出一道简单的减肥沙拉，
没有必要去超市买减肥沙拉了。

炒洋葱调味汁

材料

番茄 1 个、鸡蛋 1 个、莜麦菜 1 株、苦苣菜（小的）3 株

炒洋葱调味汁：洋葱末 4 大勺、红酒醋 2 大勺、橄榄油 1 大勺、水 1 大勺、意大利香醋 1 小勺、食盐 1/2 小勺

制作过程

01 将番茄洗净后切成 5mm 厚的圆片。

02 将鸡蛋煮熟后切成 5mm 厚的圆片。

03 将莜麦菜和苦苣菜均切成合适的大小，放入冷水中浸泡后，捞出并沥干水分。

04 平底锅中放入水和橄榄油，再放入洋葱末翻炒（图 1）。

05 洋葱末炒熟后放入炒洋葱调味汁的其他原料，搅拌均匀后关火（图 2）。

06 将莜麦菜和苦苣菜放在盘中，再放上番茄和鸡蛋，最后淋上调味汁。

贴心叮咛

· 为使洋葱的甜味充分释放，最好用中火将洋葱末炒烂。

美味余料

用制作番茄鸡蛋莜麦菜沙拉
剩下的食材制作

早安鸡蛋三明治

做完番茄鸡蛋莜麦菜沙拉后，
如果有剩余的煮鸡蛋和炒洋葱调味汁，
可以将其放到餐包中，
做成小小的三明治。
在忙碌的早晨，
家人们可以拿来充饥的早餐
就迅速完成了。

材料

五谷餐包 2 个、鸡蛋 1 个、番茄 1/2 个、
卷心菜 2 片、苦苣菜 3 片、切碎的腌黄瓜
2 大勺、橄榄油 1 大勺、炒洋葱调味汁 4
大勺

制作过程

01 将五谷餐包横着对半切开，在平底锅中放入橄榄油，油热后煎五谷餐包。

02 将鸡蛋煮熟后切成 5mm 厚的圆片。

03 将番茄切成片，将苦苣菜切成段。

04 将卷心菜切成五谷餐包的大小后和苦苣菜一起铺在餐包上，淋上炒洋葱调味汁，再放上番茄、鸡蛋、腌黄瓜，最后放上另一片餐包。

以沙拉为主的绿色菜单！

搭配饭、汤的沙拉！

PART **6**

餐桌上的爽口小菜！
韩式沙拉

章鱼薤白沙拉

章鱼富含牛磺酸，嚼劲十足，
拌上辣丝丝的薤白，
一盘简单又美味的沙拉就做好了。

玉筋鱼鱼露调味汁

材料

章鱼 1 只、薤白一把（100g）、黄瓜 1/2 根、
洋葱 1/4 个、红辣椒 1/2 个、面粉适量
玉筋鱼鱼露调味汁：玉筋鱼鱼露 2 大勺、
水 2 大勺、辣椒粉 1 大勺、芝麻盐 1 大勺、
芝麻油 1 大勺、白砂糖 1 大勺、蒜泥 2
小勺

制作过程

01 将章鱼除去内脏后里里外外用面粉揉搓，再用水冲洗干净，然后
    用沸水汆熟，切成 5cm 长的段（图 1）。

02 将薤白洗净后切成 5cm 长的段，将黄瓜、洋葱、红辣椒洗净后
    切成 4cm 长的厚片。

03 将玉筋鱼鱼露调味汁的各原料混合均匀，制成调味汁。

04 将章鱼、薤白、黄瓜、洋葱、红辣椒放入盘中混合均匀，最后淋
    上调味汁。

贴心叮咛

· 活章鱼用盐洗，冷冻章鱼用面粉洗，这样章鱼的肉质才不会松弛，
而且章鱼吸盘里的寄生虫或淤泥也能除去。

金枪鱼扣沙拉

即使没有价格昂贵的新鲜金枪鱼肉，
只要有金枪鱼罐头，
也能做出一道与众不同的金枪鱼沙拉。

★材料

松仁红酒醋调味汁

金枪鱼罐头 1 罐、杏鲍菇 2 个、双孢菇 4
个、香菇 2 个、洋葱 1/4 个、卷心菜 4 片、
苦苣菜 3 片、圣女果 5 个
底料：橄榄油、食盐、胡椒粉各少许
松仁红酒醋调味汁：烤松仁末 1 大勺、红
酒醋 2 大勺、橄榄油 2 大勺、意大利香醋
1 小勺、食盐 1 小勺、胡椒粉少许

制作过程

01　将金枪鱼肉放在筛子中并用热水冲洗，再切成小块，用底料调味，
　　然后放入烧热的平底锅中稍稍翻炒（图 1）。

02　将杏鲍菇切成半圆形的厚片，将双孢菇和香菇切成小块，将洋葱切
　　成末。

03　将卷心菜和苦苣菜均切成合适的大小，放入冷水中浸泡后捞出并沥
　　干水分；将圣女果对半切开。

04　在炒金枪鱼的锅中放入蘑菇和洋葱翻炒（图 2）。

05　将松仁红酒醋调味汁的各原料混合均匀，制成调味汁。

06　在盘中放入卷心菜、苦苣菜、圣女果，再放上炒好的金枪鱼、蘑菇
　　及洋葱，最后淋上调味汁。

贴心叮咛

· 将金枪鱼稍稍翻炒，不仅可以做出熏金枪鱼的风味，还能除去腥味。
· 用充满金枪鱼香味的平底锅炒洋葱和蘑菇，可以使各食材的香味相辅
　相成。

猪里脊绿豆芽沙拉

猪里脊肉、绿豆芽、酸辣酱，
这些都是平时餐桌上常出现的食材，对吧?
把它们拌在一起的话，
一盘美味的韩式沙拉就完成了。

果醋辣椒酱调味汁

材料

猪里脊肉 300g、绿豆芽 300g、大葱 1 根、
黄瓜 1/2 根、洋葱 1/4 个、胡萝卜 1/6 根、
食盐少许
底料：大蒜 3 瓣、洋葱 1/4 个
果醋辣椒酱调味汁：猕猴桃丁 3 大勺、辣
椒酱 3 大勺、食醋 3 大勺、海带汤 1 大勺、
白砂糖 1 小勺、芝麻盐 2 小勺、芝麻油 2
小勺、蒜泥 1 小勺

制作过程

01 在水量充足的锅中加入底料，再放入已除去血水的猪里脊肉，猪
里脊肉煮熟后捞出，待凉（图 1）。

02 绿豆芽掐去头尾后，放在淡盐水中氽熟，快速冷却后切成段（图 2）。

03 将大葱、黄瓜、洋葱、胡萝卜均切成 5cm 长的丝，放入冷水中浸
泡后捞出并沥干水分。

04 将果醋辣椒酱调味汁的各原料混合均匀，制成调味汁。

05 将绿豆芽、大葱、黄瓜、洋葱、胡萝卜放入碗中混合均匀，再淋
上部分调味汁，放上猪里脊肉，最后淋上剩下的调味汁。

贴心叮咛

· 煮肉时，如果一开始盖子就是打开的，那么盖子就要一直打开；如
果一开始盖子是盖着的，就不能中途打开盖子，这样肉才不会有腥味。

· 绿豆芽煮熟后应该马上用冷水冲洗，再放到盘子中平铺开，使其快
速冷却。

油炸大蒜绿色沙拉

香脆爽口的油炸大蒜，
为原本口感单调的蔬菜沙拉增添咀嚼感。
大蒜和柚子人参调味汁，
对家人的健康十分有益。

材料 ● 柚子人参调味汁

大蒜 10 瓣、莜麦菜（大的）1 株、芥菜叶
5 片、紫色洋葱 1/4 个、黑橄榄 4 个、油
炸用油适量

柚子人参调味汁：人参 1 根、柚子蜜 2 大
勺、食醋 2 大勺、水 2 大勺、柠檬汁 1 大
勺、食盐 1 小勺、白砂糖 1 小勺

制作过程

01 将大蒜切成薄片后，放到 180℃的热油中炸。

02 将莜麦菜和芥菜叶均切成合适的大小后，放到冷水中浸泡，捞出
并沥干水分。

03 将紫色洋葱切成丝，放到冷水中浸泡后捞出并沥干水分；将黑橄
榄切成片后放入沸水中稍稍余一会儿（图 1）。

04 将人参洗净后切成块，再与柚子人参调味汁的其他原料混合，放
入搅拌机中搅拌，制成调味汁（图 2）。

05 将蔬菜和黑橄榄放入盘子中混合均匀，再淋上调味汁，最后放上
炸好的大蒜。

贴心叮咛

· 大蒜放在温度过高的热油中炸的话，会很快变成黑色，所以请用中火
慢慢炸。

· 如果要使人参的味道更好地发挥出来，人参的皮和根须就不能去掉。

章鱼海菜沙拉

肥硕的章鱼和充满海洋气息的海菜，
拌上柠檬辣椒调味汁，
一道风味独特的韩式沙拉就完成了。

材料

柠檬辣椒调味汁

熟章鱼（大的）的触手2
条（200g）、腌海带2把
（250g）、苦苣菜4片
柠檬辣椒调味汁：切碎的
柠檬皮2小勺、青椒末2
小勺、酱油2大勺、海带
汤2大勺、柠檬汁2大勺、
白砂糖1大勺

制作过程

01 将熟章鱼解冻后放入沸水中稍稍汆一下，再切
   成合适的大小。

02 将腌海带洗去盐分，切成合适的大小后汆一下。
   将苦苣菜切成合适的大小后，放入冷水中浸泡，
   捞出并沥干水分。

03 将柠檬辣椒调味汁的各原料混合均匀，制成调
   味汁。

04 将腌海带、熟章鱼、苦苣菜放入碗中混合均匀，
   最后淋上调味汁。

贴心叮咛

• 虽然章鱼是已经熟
  了的，但再用沸水汆
  一下后，肉质会更加
  柔软。

蟹肉沙拉

柔软香滑的牛油果调味汁，
可以使原本单调的沙拉口感变得更加丰富。
氽过的蟹肉颜色好看，
可以提升食欲。

材料

牛油果调味汁

卷心菜 5 片、苦苣菜 5 片、黄瓜 1 根、
洋葱 1/4 个、胡萝卜 1/4 根、蟹棒 4 根
牛油果调味汁：牛油果 1/2 个、洋葱 1/4
个、食醋 3 大勺、柠檬汁 2 大勺、白砂
糖 2 大勺、食醋 1 小勺、胡椒粉少许

制作过程

01 将卷心菜和苦苣菜均切成合适的大小，放入冷水中浸泡后捞出并沥
干水分。

02 将黄瓜、胡萝卜均切成 5cm 长的丝，放入冷水中浸泡后捞出并沥
干水分。

03 将蟹棒放入沸水中氽熟后，用手撕成一根根细条（图 1）。

04 牛油果洗净后去皮、去核，切成块，洋葱也切成块，再将它们和牛
油果调味汁的其他原料一起放入搅拌机中搅拌，制成调味汁（图 2）。

05 将蔬菜放在盘子中混合均匀，再放上蟹肉，最后淋上调味汁。

贴心叮咛

· 蟹棒和鱼丸等用沸水氽过后，其中的有害成分减少了，所以这类食
材最好氽过后再食用。

· 牛油果的脂肪含量较高，所以即使不放食用油口感也很好。

辣贻贝沙拉

易熟的贻贝拌上白菜，
再淋上辣辣的辣酱调味汁，
一道美味的沙拉就完成了。
它既可当一道下饭菜，
又可当下酒菜。

辣酱调味汁

材料

贻贝 6 杯（400g）、白菜心 10 片（300g）、
洋葱 1/4 个、胡萝卜 1/6 根、香叶 1 片
辣酱调味汁：辣椒酱 2 大勺、蒜泥 2 小勺、
青椒末 2 小勺、红椒末 2 小勺、橄榄油 3
大勺、柠檬汁 3 大勺、白砂糖 1 小勺、食
盐少许

制作过程

01 锅中放入能充分没过贻贝的水，煮沸后放入贻贝和香叶，将
贻贝汆熟（图 1）。

02 将白菜心、洋葱、胡萝卜洗净后切成 6cm 长的丝。

03 将辣酱调味汁的各原料混合均匀，制成调味汁。

04 在汆好的贻贝中倒入一半调味汁（图 2）。

05 将蔬菜放入碗中混合均匀，再放上贻贝，最后淋上剩余的调
味汁。

贴心叮咛

· 汆贻贝前要先除去细毛和异物，水中要放入香草、大蒜等香料或蔬
菜以除去腥味。如果家中没有香叶，可以用大蒜或洋葱来代替。

五花肉蒜薹沙拉

脆脆的蒜薹搭配鲜嫩的五花肉，
营养又美味。
平时吃五花肉时，
搭配上拌有味噌调味汁的蒜薹
会更好吃哦。

味噌调味汁

材料

五花肉片200g、蒜薹300g、洋葱1/2个、
食盐少许
底料：味噌2小勺、蒜泥1小勺、白
砂糖1小勺、芝麻盐1小勺、芝麻油2
小勺
味噌调味汁：味噌2大勺、海带汤3
大勺、食醋2大勺、芝麻油2大勺、
芝麻盐1大勺、白砂糖1大勺

制作过程

01 将五花肉片平铺在盘中，放入底料腌制20分钟左右后，放到烧
    热的平底锅中煎一下（图1）。
02 将蒜薹切成7～8cm长的段，再用淡盐水汆熟（图2）。
03 将洋葱切成5cm长的丝，放入冷水中浸泡后捞出并沥干水分。
04 将味噌调味汁的各原料混合均匀，制成调味汁。
05 将蒜薹和洋葱放在盘中混合均匀，再放上五花肉片，最后淋上调
    味汁。

贴心叮咛

· 煎之前将五花肉腌制一下，这样不仅可以去腥，而且能使肉质更软。
· 如果用的是早春的蒜薹，不汆而直接生吃也不会觉得辣。

煎鸡肉卷心菜沙拉

用蒜泥增添沙拉的风味，
用料酒去腥，
将鸡肉切成一块块的，
这道沙拉非常适合作为下饭菜。

蜂蜜大蒜调味汁

材料

鸡腿肉 2 块、卷心菜 5 片、苦苣菜 4 片、洋葱 1/4 个、胡萝卜 1/6 根、青辣椒 1 个、红辣椒 1 个，淀粉、食用油各适量
底料：蒜泥 1 大勺、料酒 1 大勺
蜂蜜大蒜调味汁：蜂蜜 1 大勺、蒜泥 2 大勺、酱油 2 大勺、食醋 2 大勺、柠檬汁 1 大勺

制作过程

01 鸡腿肉洗净后划几刀，平铺着放上底料腌制一会儿；腌制好后去掉表面的蒜泥，裹上淀粉（图 1）。

02 卷心菜和苦苣菜洗净后均切成合适的大小，放入冷水中浸泡后捞出并沥干水分。

03 将洋葱、胡萝卜、青辣椒及红辣椒均切成 4～5cm 长的丝。

04 平底锅烧热后放入足量的食用油，油温差不多时放入裹好淀粉的鸡腿肉，煎好后将鸡腿肉切成合适的大小（图 2）。

05 将卷心菜和其他蔬菜放在盘中混合均匀，再放上鸡腿肉，最后将蜂蜜大蒜调味汁混合均匀并淋在上面。

贴心叮咛

· 鸡腿肉裹淀粉前要去掉沾在鸡腿肉上的大蒜，这样煎时不容易焦。

明太鱼水芹沙拉

水芹有利于消除疲劳，
请试着用水芹
搭配营养价值较高的明太鱼。
嚼起来软滑的明太鱼
和微苦的水芹非常配。

黑芝麻醋辣酱调味汁

材料

干明太鱼 1 块（70g）、水芹一把（100g）、
洋葱 1/4 个、红辣椒 1/2 个

黑芝麻醋辣酱调味汁：黑芝麻 1 大勺、辣
椒酱 2 大勺、辣椒粉 1 大勺、食醋 2 大勺、
柠檬汁 1 大勺、芝麻油 1 大勺、白砂糖 1
大勺

制作过程

01 干明太鱼用流水快速冲洗后放在碗中，盖上保鲜膜或纱布使其发
  胀，待其发胀变软后撕成条（图 1）。

02 选取较嫩的水芹，切成 3 ~ 4cm 长的段。

03 将洋葱和红辣椒切成 3 ~ 4cm 长的丝。

04 将黑芝麻醋辣酱调味汁的各原料混合均匀后，倒入放有明太鱼的
  碗中，再放上蔬菜，搅拌均匀（图 2）。

1

2

贴心叮咛

· 干明太鱼不含调味料且口感粗硬，所以一般将其稍稍泡软后再食用。
  但如果将其放在水中浸泡，明太鱼特有的味道会流失，所以建议用
  流水快速冲洗，然后盖上保鲜膜或纱布使其发胀。

· 淋调味汁时，先从明太鱼开始，这样才不会使水芹过早地蔫掉而影
  响口感。

垂盆草泥蚶沙拉

鲜美的泥蚶，
搭配香味四溢的
香橙大蒜调味汁，
可以赶走春困的一道健康沙拉
就完成了！

香橙大蒜调味汁

材料

垂盆草 2 把（200g）、泥蚶 1.5 杯（200g）、
黄瓜 1/2 根、洋葱 1/4 个、青辣椒 1 个、豆
苗适量
香橙大蒜调味汁：切碎的香橙皮 1 大勺、
蒜泥 1 大勺、酱油 2 大勺、海带汤 2 大勺、
柠檬汁 2 大勺、白砂糖 1 大勺

制作过程

01 泥蚶除去淤泥后放入淡盐水中氽一下，挑出肉后放在筛子上洗净（图 1）。
02 将垂盆草放在筛子中并用流水冲洗干净，再切成合适的大小（图 2）。
03 将黄瓜和洋葱切成 4cm 长的丝，将青辣椒切成薄片，将豆苗掐去根部。
04 将香橙大蒜调味汁的各原料混合均匀，制成调味汁。
05 将泥蚶、垂盆草、黄瓜、洋葱、青辣椒、豆苗放在盘中混合均匀，最
后淋上调味汁。

贴心叮咛

· 泥蚶氽过后里面还可能有泥，所以在氽过后最好再洗一遍。
· 垂盆草很嫩，洗得过久或过于用力的话，可能会使其产生腐臭味，
所以最好将其放在筛子中用流水冲洗。

美味佘料

用制作明太鱼水芹沙拉和垂盆草泥蚶沙拉
剩下的食材制作

水芹苹果汁&
垂盆草菠萝汁

解毒功效很好的水芹和垂盆草
苦味很重，难以食用。
但搭配酸甜的苹果和菠萝，
就可以做出两杯美味又健康的解毒果汁了。

水芹苹果汁

材料

水芹半把（50g）、苹果 1 个、碎冰 1/2 杯、蜂蜜适量

制作过程

01 水芹洗净后摘去叶子，再切成 3cm 长的段。
02 苹果洗净后切成 8 等份，去籽。
03 将水芹、苹果、碎冰及蜂蜜放入搅拌机中搅拌。

垂盆草菠萝汁

材料

垂盆草半把（50g）、菠萝 1 块（30g）、冰块 1/2 杯

制作过程

01 将垂盆草洗净。
02 将菠萝切成块。
03 将垂盆草、菠萝、冰块放入搅拌机中搅拌。

虾仁蘑菇沙拉

有嚼劲的蘑菇和肥硕的虾仁，
搭配香醋柠檬调味汁，
一道美味的沙拉就完成了。
这道沙拉可以和西餐一起食用。

材料 .... 香醋柠檬调味汁

杏鲍菇 1 个、香菇 2 个、蟹味菇 1 把
（50g）、虾仁 8 只、洋葱 1/2 个、卷心
菜 5 片、橄榄油 3 大勺，食盐、胡椒粉
各少许

香醋柠檬调味汁：意大利香醋 2 大勺、
柠檬汁 2 大勺、切碎的柠檬皮 2 小勺、
白砂糖 2 小勺，食盐、胡椒粉各少许

制作过程

01 将杏鲍菇切成 5cm 长的薄片，将香菇去掉菌柄后切成丝，将蟹
味菇切掉根部后一株株分开（图 1）。

02 将洋葱切成丁，将卷心菜切成合适的大小，放入冷水中浸泡，
捞出并沥干水分。

03 在烧热的平底锅中放入 1 大勺橄榄油，再放入洋葱炒至洋葱变
透明。

04 锅中放入蘑菇，再放入剩余的 2 大勺橄榄油，撒上适量食盐及
胡椒粉，用小火翻炒 20 分钟（图 2）。

05 虾仁解冻后放入沸水中稍稍汆一下，捞出后对半切开。

06 将卷心菜放在盘子中，再放上炒好的蘑菇、洋葱以及汆过的虾仁，
将香醋柠檬调味汁的各原料混合均匀后淋在上面。

鸡肉韭菜沙拉

鸡肉性质温热，
搭配韭菜、人参或大蒜等蔬菜，
可以做成一道营养美食。
再撒上酸甜的水果，
可以减轻韭菜的辣味。

材料

鸡腿肉 2 块、韭菜 100g、梨 1/4 个、洋葱 1/4 个、红辣椒 1/2 个
底料：白酒 1 大勺，食盐、胡椒粉各少许
猕猴桃菠萝调味汁：猕猴桃 1/2 个、菠萝 1 小块（15g）、洋葱 1/4 个、橄榄油 3 大勺、食醋 2 大勺、白砂糖 1 小勺、食盐 1 小勺

制作过程

01 将鸡腿肉切成 2cm 见方的小块后，用底料腌制一会儿，然后放在平底锅中煎熟（图 1）。

02 将韭菜切成 5cm 长的段，放入冷水中浸泡后捞出并沥干水分。

03 将梨、洋葱、红辣椒洗净后切成 5cm 长的丝。

04 将猕猴桃、菠萝、洋葱切成块后，和猕猴桃菠萝调味汁的其他原料一起放入搅拌机中搅拌，制成调味汁（图 2）。

05 将韭菜、梨、洋葱、红辣椒放在盘中混合均匀，再放上煎好的鸡腿肉，最后淋上调味汁。

1

2

贴心叮咛

· 鸡腿部位运动量大，和鸡胸肉相比，鸡腿肉更有嚼劲，口感更好。但鸡腿部位有皮，而且脂肪含量也更高，所以如果正在减肥，食用前要仔细去掉鸡腿上的皮和脂肪。

橡子凉粉荠菜沙拉

大家一般会把橡子凉粉洗净后
拌上调味料生吃，
其实你也可以试着
将橡子凉粉煎一下再食用。
这样吃口感更筋道，
而且没有涩味。

辣椒酱调味汁

材料

橡子凉粉1块、荠菜1把（100g）、洋葱1/4个、红辣椒1/2个，食用油、食盐各少许
辣椒酱调味汁：鲜辣椒末1大勺、辣酱油3大勺（或者酱油2大勺、食醋1大勺、白砂糖1小勺）、芝麻油1大勺、芝麻盐2小勺、蒜泥1小勺

制作过程

01 将橡子凉粉切成长方形厚片，平铺在放有少量食用油的平底锅中煎熟（图1）。
02 荠菜摘取表面的叶子后洗净，将粗大的叶子切成2～3等份后放在淡盐水中氽一下（图2）。
03 将洋葱和红辣椒切成4cm长的丝。
04 将辣椒酱调味汁的各原料混合均匀，制成调味汁。
05 将煎好的橡子凉粉放在盘中，再放入荠菜、洋葱、红辣椒并混合均匀，最后淋上调味汁。

贴心叮咛

• 荠菜有许多根须，多洗几遍，这样才不会吃到泥土。太粗大的叶子吃起来口感较硬，所以把茎叶分开后最好再氽一下。

小章鱼春白菜沙拉

在春天的话，
请试着用长满鱼子的小章鱼
搭配甜甜的春白菜做一道沙拉。
这是一道能够提升食欲的沙拉。

材料

小章鱼 3 只、春白菜（中等大小的）2 棵（250g）、小葱 2 根、洋葱 1/4 个、红辣椒 1/2 个、食盐少许、面粉适量

生拌菜调味汁：鱼露 3 大勺、水 4 大勺、辣椒粉 2 大勺、芝麻盐 2 大勺、白砂糖 1 大勺、蒜泥 1 大勺、芝麻油 1 大勺

制作过程

01　将春白菜切成合适的大小，用淡盐水浸泡后，捞出并沥干水分。

02　小章鱼除去内脏，用面粉里里外外揉搓以除去异物，再放在筛子中并用淡盐水冲洗干净，接着放入沸水中稍稍汆一下，然后切成合适的大小。

03　将小葱切成 4 ～ 5cm 长的段，将洋葱和红辣椒切成丝。

04　碗中放入生拌菜调味汁的各原料并搅拌均匀，再放入其他食材搅拌均匀。

贴心叮咛

• 和清水相比，淡盐水更适合用来冲洗海鲜。淡盐水可以维持海鲜原本的味道，使其保持新鲜。

彩椒梨金枪鱼沙拉

色彩斑斓的彩椒和脆脆的梨，
再搭配金枪鱼罐头，
一盘五颜六色的沙拉就完成啦！

大蒜调味汁

材料

橙色彩椒 1 个、黄色彩椒 1 个、红色彩椒
1 个、绿色彩椒 1 个、梨 1/2 个、金枪鱼
罐头（小罐装）1 罐、苦苣菜 5 片、白砂
糖少许

大蒜调味汁：蒜泥 2 大勺、西芹泥 1 小勺、
橄榄油 3 大勺、柠檬汁 2 大勺、意大利香
醋 1 小勺、白砂糖 1 小勺、食盐 1 小勺

制作过程

01 将彩椒洗净去籽后切成 5cm 长的丝。

02 将梨去皮、去核后切成半月形圆片，放在糖水中浸泡后捞出并沥
干水分（图 1）。

03 将金枪鱼肉放在筛子上并用沸水冲洗；将苦苣菜切成合适的大小，
放入冷水中浸泡后捞出并沥干水分。

04 平底锅中放入做大蒜调味汁用的橄榄油、蒜泥及西芹末，用小火
慢炒（图 2）。

05 煸炒出大蒜香味后放入大蒜调味汁的其他原料，关火并拌炒均匀，
制成调味汁。

06 将彩椒、梨、金枪鱼、苦苣菜放在盘中，淋上调味汁。

贴心叮咛

· 煸炒大蒜时，如果使用大火，则大蒜很容易炒焦并炒出苦味，所以
最好用小火，慢慢地、充分地煸炒出蒜香。

烤猪肉片大葱沙拉

猪颈肉一般烤着吃，
或者煮汤吃。
猪颈肉一般搭配大葱一起吃，
大葱不仅可以中和猪颈肉的凉性，
还能去腥。

材料

生姜酱油调味汁

猪颈肉 200g、大葱 4 根、洋葱 1/4 个、
生菜 10 片、苦苣菜 3 片
底料：食盐少许、胡椒粉少许
生姜酱油调味汁：生姜末 1 小勺、酱油
3 大勺、食醋 4 大勺、白砂糖 2 大勺、
芝麻油 1 大勺、清酒 1 大勺、芝麻盐 1
小勺、胡椒粉少许

制作过程

01 将猪颈肉切成合适的大小后用底料腌制。

02 将大葱和洋葱均切成 5cm 长的丝，放入冷水中浸泡后捞出并沥
干水分。

03 将生菜和苦苣菜均切成合适的大小，放入冷水中浸泡后捞出并沥
干水分。

04 平底锅中放入生姜酱油调味汁的各原料，慢慢煮沸，然后放入腌
制好的猪颈肉翻炒（图 1）。

05 将大葱、洋葱、生菜、苦苣菜放在盘中混合均匀，再放上炒好的
猪颈肉，最后将锅中剩余的调味汁淋在上面。

贴心叮咛

· 将调味汁烧热后再炒猪肉，将猪肉盛出再淋上锅中剩余的调味汁，
这样不仅可以除去大葱和洋葱的辣味，还能使猪肉更入味。

鲷鱼蔬菜沙拉

鲷鱼煎好后放在蔬菜上，然后像吃牛排一样切着吃，这样的一盘沙拉独具风味。韭菜香浓郁的韭菜调味汁能除去海鲜的腥味。

材料

韭菜调味汁

冷冻鲷鱼肉 200g、生菜 5 片、绿色芥菜叶 5 片、紫色芥菜叶 5 片、洋葱 1/4 个、红辣椒 1/2 个、食用油少许
底料：食盐、胡椒碎各少许
韭菜调味汁：鲜韭菜末 5 大勺、食醋 3 大勺、酱油 2 大勺、芝麻油 1 大勺、白砂糖 1 大勺、辣椒粉 2 小勺、芝麻盐 2 小勺、蒜泥 1 小勺

制作过程

01 将韭菜调味汁的各原料混合均匀，制成调味汁（图 1）。

02 将撒上了少许食盐和胡椒碎的鲷鱼肉放在倒有食用油的平底锅中煎熟（图 2）。

03 将生菜、绿色芥菜叶及紫色芥菜叶均切成合适的大小，放入冷水中浸泡后捞出并沥干水分。

04 将洋葱和红辣椒均切成 4cm 长的丝，放入冷水中浸泡后捞出并沥干水分。

05 将蔬菜都放在盘子中混合均匀，再放上煎好的鲷鱼肉，最后淋上调味汁。

贴心叮咛

· 韭菜末要切得细，这样韭菜的香味才会更加浓郁。而且韭菜在调味汁中放得越久，韭菜香就越浓，所以最好先做韭菜调味汁。

· 鲷鱼要在充分烧热的平底锅中煎，这样肉汁才不会流失。

沙拉中放入火腿后，
原本不喜欢吃沙拉的孩子也会很爱吃。
给孩子吃的火腿，
更要仔细确认有没有有害添加物，
最好用沸水氽一下后再食用。

火腿卷心菜彩椒沙拉

番茄紫苏叶调味汁

材料

火腿 150g、卷心菜 3 片、黄色彩椒 1/2
个、橙色彩椒 1/2 个、红色彩椒 1/2 个、
绿色彩椒 1/2 个、洋葱 1/4 个、食用油
少许
番茄紫苏叶调味汁：切丁的番茄 3 大勺、
紫苏叶末 2 大勺、橄榄油 3 大勺、食醋
2 大勺、意大利香醋 1 大勺、酱油 1 大勺、
白砂糖 1 大勺，食盐、胡椒粉各少许

制作过程

01 将火腿切成 1.5cm 见方的小块后放入筛子中氽一下，然后放至有
    少量食用油的平底锅中翻炒。
02 将卷心菜、彩椒、洋葱均切成 5cm 长的丝，放入冷水中浸泡后
    捞出并沥干水分。
03 将番茄紫苏叶调味汁的各原料混合均匀，制成调味汁（图 1）。
04 将卷心菜、彩椒、洋葱放在盘子中混合均匀，再放上炒好的火腿，
    最后淋上调味汁。

贴心叮咛

· 火腿和鱼丸等加工食品切好后再氽一下，可以去掉其中的一些添加物。
· 做番茄紫苏叶调味汁用的番茄要去皮、去籽后切成丁。
· 紫苏叶洗净后卷着切，这样更容易切成碎片。

虾仁黄瓜卷心菜沙拉

清淡的虾仁是谁都喜欢的食材。虾仁搭配口感清爽的蔬菜和能提升口感的芥末松仁调味汁，不失为一道足以招待客人的沙拉。

芥末松仁调味汁

材料

虾（中等大小的）8 只、黄瓜 1 根、卷心菜 1 片、洋葱 1/4 个、苦苣菜 3 片、食盐少许

芥末松仁调味汁：芥末酱 1 大勺、松仁粉 1 大勺、水 2 大勺、食醋 2 大勺、芝麻油 1 大勺、白砂糖 1 大勺、食盐 1 小勺

制作过程

01　虾剔去虾线后用淡盐水氽一下，剥去壳，只留下虾仁（图 1）。

02　将黄瓜切成 5cm 长的段后，再切成长方形薄片。

03　将卷心菜和洋葱切成 5cm 长、1cm 厚的长条；将苦苣菜切成合适的大小后放入冷水中浸泡，捞出后沥干水分。

04　将芥末松仁调味汁的各原料混合均匀，制成调味汁。

05　将虾仁放在碗中，淋上少量调味汁搅拌后，再放上蔬菜，最后淋上剩余的调味汁搅拌均匀（图 2）。

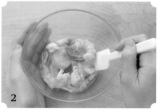

贴心叮咛

- 在虾背的第二节处插入牙签，剔去虾线。将虾仁氽一下，这样才能除尽泥沙。剥壳时，留下虾尾的壳，虾壳中的几丁聚糖可以抑制对胆固醇的吸收。

银鱼脯嫩豆腐沙拉

银鱼脯烤脆后
放在豆腐和蔬菜上,
就变成了很好的沙拉盖头。
银鱼脯富含钙质,
可以作为孩子成长期的零食。

材料

小葱调味汁

嫩豆腐 1 块、番茄 1/2 个、卷心菜 5 片、
黄瓜 1/4 个、胡萝卜 1/3 根、银鱼脯 1 片、
食用油少许
小葱调味汁:小葱末 4 大勺、酱油 2 大勺、
食醋 2 大勺、白砂糖 1 大勺、芝麻油 1 大
勺、芝麻盐 2 小勺

制作过程

01 将嫩豆腐放在筛子中,沥干水分后,再用筷子夹碎成块(图 1)。

02 将番茄洗净、去蒂后切成 6 等份,将黄瓜和胡萝卜切成 5cm 长
的丝。

03 将卷心菜切成合适的大小后,放入冷水中浸泡,捞出并沥干水分。

04 将银鱼脯切成 6cm×4cm 左右的大小,再放在倒有少量食用油
的平底锅中煎,煎好后用厨房纸吸去其表面的油(图 2)。

05 将小葱调味汁的各原料混合均匀,制成调味汁后放入冰箱冷藏。

06 将蔬菜放在盘子中,再放上嫩豆腐和银鱼脯,最后淋上冷藏后的
调味汁。

贴心叮咛

· 嫩豆腐用筷子夹碎前,先放在筛子中沥干水分,这样嫩豆腐更有弹
性,不易碎。
· 银鱼脯煎好后用厨房纸吸走表面的油,这样才不会太油腻。

牛排沙拉

牛排能较好地补充脂肪和蛋白质,但其维生素及膳食纤维含量不足。牛排搭配各类蔬菜制成的沙拉,不失为一道营养均衡的美食。

酱油香醋调味汁

材料

牛排 200g、绿色生菜 2 片、紫色生菜 2 片、芥菜叶 5 片、洋葱 1/4 个、胡萝卜 1/6 根、食盐、胡椒粉、食用油各少许

酱油香醋调味汁:酱油 2 大勺、意大利香醋 2 大勺、橄榄油 3 大勺、柠檬汁 1 大勺、蒜泥 1 小勺、胡椒粉少许

制作过程

01 牛排去血水后,撒上适量食盐和胡椒粉腌制,然后放在倒有少量食用油的平底锅中煎(图 1)。

02 将绿色生菜、紫色生菜、芥菜叶均切成合适的大小后,放入冷水中浸泡,捞出并沥干水分。

03 将洋葱、胡萝卜均切成 5cm 长的丝,放入冷水中浸泡后捞出并沥干水分。

04 将蔬菜放在盘子中混合均匀,再放上煎好的牛排,将酱油香醋调味汁混合均匀后淋在上面。

贴心叮咛

· 牛排过早腌制的话,肉质会变硬。最好在煎之前 10 分左右腌制,或边煎边放食盐和胡椒粉入味。

用制作牛排沙拉剩下的
食材制作

牛排法棍面包

做完牛排沙拉后，
如果牛肉和蔬菜还有剩余，
可以放在法式长棍面包中做成三明治。
这样一道营养午餐就做好了。

 材料

牛排 200g、卷心菜 2 片、荠菜叶 3 片、番茄 1 个、黄瓜 1/2 个、洋葱 1/2 个、法式长棍面包（小的）1 个、酱油香醋调味汁 3 大勺、蛋黄酱 2 大勺，食盐、胡椒粉各少许

制作过程

01 牛排去血水后，撒上适量食盐和胡椒粉腌制，然后放在倒有少量食用油的平底锅中煎，煎好后将牛排切成大小合适的块。

02 法式长棍面包横切成 2 等份后，再竖着对半切开（不要切断）。

03 将卷心菜和芥菜叶切成合适的大小，将番茄、洋葱、黄瓜切成片。

04 在法式长棍面包内涂上蛋黄酱，再放入卷心菜、芥菜叶、黄瓜、番茄、洋葱、牛排，然后淋上调味汁，最后将面包合上并用纸绳固定。

制作方法简单，每天都能食用！

好看又美味，幸福感满满！

易错过的初尝试！
基本沙拉

卷心菜沙拉

在麦当劳中，
"Coleslaw"表示卷心菜沙拉。
它以卷心菜为主食材。

材料　蛋黄酱调味汁

卷心菜5片、胡萝卜1/6根、黄瓜1/4根、罐头玉米3大勺、葡萄干1大勺、食盐少许

蛋黄酱调味汁：蛋黄酱3大勺、食醋1大勺、柠檬汁1小勺、食盐1小勺、白砂糖1/4小勺，西芹粉、白胡椒粉各少许

制作过程

01 将卷心菜、胡萝卜、黄瓜切成5cm长的丝后撒上少许食盐，待水分出来后挤干（图1）。

02 将罐头玉米放入沸水中氽一下，用筛子捞出并沥干水分（图2）；将葡萄干放在筛子中，用流水冲洗后静置，待其发胀。

03 将蛋黄酱调味汁的各原料混合均匀，制成调味汁。

04 将各食材放入沙拉碗中，最后淋上调味汁搅拌均匀。

贴心叮咛

· 腌制并挤干水分后的卷心菜、胡萝卜及黄瓜，即使放很久也不会出水，口感也很鲜脆。

家里做不出餐厅里的
炸鸡沙拉味道的原因
在于新奥尔良调料。
参考"贴心叮咛"后，
在家里试着自制一份新奥尔良调料吧！

炸鸡沙拉

材料

蜂蜜芥末调味汁

鸡胸肉 2 块、卷心菜 5 片、苦苣菜 7 片、
圣女果 4 个、黑橄榄 2 个、黄色彩椒 1/4 个、
橙色彩椒 1/4 个、洋葱 1/4 个、油炸用油
适量
底料：新奥尔良调料 2 小勺、淀粉 2 大勺、
蛋白 2 大勺
蜂蜜芥末调味汁：蛋黄酱 4 大勺、芥末酱
1 大勺、蜂蜜 1 大勺、柠檬汁 2 大勺，食盐、
胡椒粉各少许

制作过程

01　将鸡胸肉切成 1.5cm 厚的长条，放入底料腌制（图 1）。

02　将卷心菜、苦苣菜均切成合适的大小，放入冷水中浸泡后捞出并
　　沥干水分。

03　将每个圣女果切成 2 ～ 4 等份，将黑橄榄切成圆片。

04　将彩椒和洋葱切成 5cm 长的丝。

05　将腌制好的鸡胸肉放在 170℃ 的热油中炸（图 2）。

06　将蔬菜都放在盘中，混合均匀，再放上放炸好的鸡胸肉，将蜂蜜
　　芥末调味汁的各原料混合均匀后淋在上面。

贴心叮咛

· 新奥尔良调料由大蒜、洋葱、辣椒酱、胡椒粉、芥末酱、芹菜等材
　料制成。如果家中没有新奥尔良调料，可以用适量食盐、胡椒粉、
　彩椒粉（或辣椒粉）、西芹粉等混合后自制新奥尔良调料。

含羞草沙拉

掰开卷心菜，
中间放上过筛的蛋黄，
那模样就像一朵含羞草。
这道沙拉的名字就是这么来的。

法式调味汁

材料

卷心菜1棵、黄瓜1根、鸡蛋2个、圣女果5个、火腿50g、蛋黄酱3大勺

法式调味汁：橄榄油3大勺、红酒醋2大勺、洋葱末1大勺、柠檬汁1大勺、白砂糖2小勺、食盐1小勺、蒜泥1小勺

制作过程

01 将卷心菜洗净后在根部划几刀，挖出根部（图1）。

02 将黄瓜和火腿切成5mm见方的丁。

03 将每个圣女果洗净后切成4～6等份；将鸡蛋煮熟，取出蛋黄，磨碎，过筛。

04 将黄瓜、火腿及圣女果放在碗中混合，淋上蛋黄酱，搅拌均匀后放在除去根部的卷心菜中，然后把整个卷心菜用保鲜膜包好，放入冰箱冷藏30分钟（图2）。

05 取出卷心菜并撕掉保鲜膜，再按对角线将卷心菜切成6等份，摆盘，使其像花瓣一样绽开。

06 在卷心菜中间撒上过筛的蛋黄，将法式调味汁的各原料混合均匀后淋在上面。

1

2

材料

莜麦菜 1 株、黑橄榄 5 个、帕玛森奶酪粉少许

凤尾鱼调味汁：剁碎的凤尾鱼 1 大勺、橄榄油 3 大勺、食盐、胡椒粉各少许

凤尾鱼调味汁

制作过程

01 将莜麦菜洗净后切去根部，再竖着对半切开。

02 将黑橄榄切成一个个小圆圈。

03 将凤尾鱼调味汁的各原料混合均匀，制成调味汁。

04 将莜麦菜放在盘中，再撒上黑橄榄，淋上调味汁，最后撒上帕玛森奶酪粉。

经典凯撒沙拉

虽然凤尾鱼酱对我们而言是比较陌生的食材，
但你可以把它当作是"西方的银鱼酱"。
如果你想尝一尝经典的欧式风味沙拉，
那么强烈推荐你品尝经典凯撒沙拉。

卷心菜芹菜沙拉

正如其名字中"上千个岛屿"的含义一样，
千岛酱中含有很多小颗粒。
酱不要太稀也不要太稠。

千岛酱

材料

卷心菜 5 片、芹菜 2 株
千岛酱：蛋黄酱 3 大勺、西式腌菜汤 2
大勺、番茄酱 1 大勺、洋葱末 1 大勺、
捣碎的西式腌菜 1/2 大勺、煮鸡蛋 1 个（捣
烂）、青椒末 1 大勺、红椒末 1 大勺、柠
檬汁 1 大勺、西芹末 1 小勺、食盐 1/2
小勺、白胡椒粉少许

制作过程

01 将卷心菜切成 6cm 长的丝，将芹菜剥去表面较粗的纤维后也切
   成 6cm 长的丝。

02 将除了西式腌菜汤以外的千岛酱的原料混合均匀，再加入西式腌
   菜汤以调节浓度，制成千岛酱（图 1）。

03 将卷心菜和芹菜放在盘中混合均匀，上面淋上千岛酱调味。

>> 芹菜

芹菜富含维生素 A、维生素 C、钠、钙等营养物质，而且还具有特殊的
香味。对于芹菜，在大部分情况下，我们都是摘去叶子只吃茎的，但其实
可以把叶子炒了吃或榨成汁喝，这样就能摄取到叶子中丰富的维生素 A 了。

经典华尔道夫沙拉

这道沙拉最初是在纽约
华尔道夫酒店的厨房里制作出来的,
所以取名"华尔道夫沙拉"。
香郁的核桃搭配甜脆的苹果,
这一组合别具特色。

材料

卷心菜 5 片、芹菜 1 株、苹果 1 个、核桃
5～6 瓣,食盐、胡椒粉、西芹粉各少许
蛋黄酱:蛋黄酱 4 大勺

制作过程

01 将卷心菜洗净后切成 1.5cm 见方的小块,再用少许食盐、胡椒粉
   腌制 15 分钟左右(图 1)。

02 将卷心菜腌制好后,用厨房纸吸干其表面的水分。

03 将西芹洗净后撕去表面较粗的纤维,再切成 1cm 见方的小块。

04 将苹果带皮洗净后切开、去籽,再切成 1.5cm 见方的小块。

05 将核桃在无水的平底锅中稍稍翻炒后磨碎。

06 将卷心菜、芹菜、苹果放在沙拉碗中,撒入少量食盐、胡椒粉调味,
   再倒入蛋黄酱搅拌均匀。

07 将第六步中搅拌好的食材放在盘子中,最后撒上核桃和西芹粉。

1

贴心叮咛

• 卷心菜需要稍稍腌制一会儿后再挤干水分,这样即使放久了,卷心
  菜也不会再出水。

什锦豆马铃薯泥沙拉

挖成球形的马铃薯泥很好看，
偶尔也可以将马铃薯泥做成半球形
放在大盘子中。
在柔软的什锦马铃薯泥表面
淋上爽口的调味汁，
一道很好的派对沙拉就完成了。

蛋黄酱柚子蜜调味汁

材料

马铃薯（中等大小的）2 个、什锦豆 1/2
杯、食盐少许

蛋黄酱柚子蜜调味汁：蛋黄酱 4 大勺、
柚子蜜 2 大勺、食盐 1 小勺，胡椒粉、
白砂糖各少许

制作过程

01 将马铃薯煮熟后去皮并碾压成泥。

02 将什锦豆洗净后放在淡盐水中煮熟。

03 将蛋黄酱柚子蜜调味汁的各原料混合，制成调味汁。

04 将马铃薯泥和什锦豆混合，淋上调味汁并搅拌均匀（图 1）。

贴心叮咛

· 豆子煮太久会有酱曲的味道，煮得不够久会有腐臭的味道。锅中放
入能充分浸没豆子的水，煮开后放入少许食盐，待豆子颜色变深且
可以闻到豆子的味道时关火，打开锅盖，待热气充分散开后捞出豆
子，这样豆子里外都熟了。

· 蛋黄酱中放入柚子蜜，不仅可以使甜度增加，而且可以使味道更清爽。

材料

柚子蜜酸奶调味汁

甜南瓜 1/3 个、洋葱 1/4 个、葡萄干 4 大勺、炒好的花生米 2 大勺

柚子蜜酸奶调味汁：柚子蜜 2 大勺、原味酸奶 1/2 杯、柠檬汁 1 大勺、食盐 1/2 小勺、白胡椒粉少许

葡萄干南瓜泥沙拉

餐厅里常吃的葡萄干南瓜泥沙拉的制作方法非常简单。外带便当时，想制作营养零食时，这道沙拉都是不错的选择。

制作过程

01 将甜南瓜放在蒸锅中蒸熟，然后趁热过筛。

02 将葡萄干放在筛子上，再用流水洗净，静置发胀后切成丁。

03 将洋葱切成丁，用厨房纸吸干表面的水分。

04 将炒好的花生米磨成颗粒。

05 将过筛的甜南瓜、葡萄干及花生碎放在碗中，将柚子蜜酸奶调味汁的各原料混合均匀后淋在上面，将所有食材搅拌均匀。

贴心叮咛

· 甜南瓜煮熟后要趁热过筛。将甜南瓜切成块后蒸软，再放在筛子上用勺子按压过筛。

裹馅沙拉

这是一道用圣女果和黄瓜做成的沙拉。
它不仅可以作为孩子的零食，
还可以作为下酒菜。

材料

圣女果 10 个、黄瓜 1 根
馅料：金枪鱼罐头 1 罐、洋葱末 3 大勺、芹菜末 1 大勺、蛋黄酱 1 大勺、芥末酱 1 小勺，食盐、胡椒粉各少许

制作过程

01 圣女果去蒂后，切掉上面 1/3 的部分，再用小勺子挖去里面的果肉（图 1）。

02 将黄瓜简单去皮后切成 3cm 长的圆柱，再用小勺子挖去里面的果肉（图 2）。

03 将金枪鱼肉倒在筛子上，再用沸水冲洗，以除去油分。

04 将所有馅料食材放在碗中搅拌均匀，制成馅料。

05 用小勺子将馅料塞入圣女果和黄瓜中。

贴心叮咛

· 因圣女果和黄瓜里要装馅料，所以用小勺子挖去其果肉时，不要把底挖空。

美味余料

用制作葡萄干南瓜泥沙拉和裹馅沙拉剩下的食材制作

甜南瓜牛奶 & 番茄黄瓜汁

甜南瓜牛奶营养丰富，
一杯就能带来饱腹感，
可当早餐饮料。
黄瓜汁腥味重，很难喝，
但将黄瓜和番茄一起榨汁，
其味道就变得清爽可口。

甜南瓜牛奶

材料

甜南瓜 1/6 个、牛奶 1 杯、蜂蜜适量

制作过程

01 将甜南瓜去皮、去籽后放在蒸锅中蒸熟。

02 将蒸好的南瓜和牛奶一起放入搅拌机中搅拌，最后根据个人喜好放入适量蜂蜜。

番茄黄瓜汁

材料

番茄 1 个、黄瓜 1/2 个、柠檬汁 1 大勺、冰水 1 杯、蜂蜜适量

制作过程

01 将番茄放入沸水中浸泡一会儿后捞出，去皮，再切成块。

02 将黄瓜去皮后切成块。

03 将番茄、黄瓜、柠檬汁、冰水一起放入搅拌机中搅拌，最后根据个人喜好放入适量蜂蜜。

通心粉沙拉

有点儿饿或者嘴巴馋的时候，
最先想到的通常是通心粉沙拉。
吃这道沙拉的时候可以用勺子，很方便，
而且它做起来也很方便。

蛋黄酱酸奶调味汁

材料

通心粉 1/2 杯（50g）、卷心菜 4 片、黄瓜
1/2 根、胡萝卜 1/6 根、洋葱 1/4 个、罐
头玉米 3 大勺、葡萄干 2 大勺、花生碎
2 大勺

蛋黄酱酸奶调味汁：蛋黄酱 3 大勺、原
味酸奶 3 大勺、食醋 2 大勺、柠檬汁 1
大勺、白砂糖 1 大勺、食盐 1 小勺

制作过程

01 将通心粉放入足量的水中煮 7 ~ 12 分钟，然后放在筛子上，沥
干水分（图 1）。

02 将卷心菜、黄瓜、胡萝卜、洋葱切成薄片。

03 将罐头玉米氽过后用筛子捞出，将葡萄干放在筛子上洗净后发胀。

04 将食材放在碗中混合均匀，再将蛋黄酱酸奶调味汁的各原料混合
均匀后淋在上面，最后再一起搅拌均匀。

贴心叮咛

· 通心粉的大小和硬度不同，煮的时间也不同。将它制成沙拉吃时，
要比制成意大利面吃时煮的时间更久，这样放凉了吃它才不会太硬。

说起沙拉，
脑海中最先想到的就是水果沙拉。
再拌上蛋黄酱芥末调味汁，
味道真是好极了。

水果沙拉

材料

蛋黄酱芥末调味汁

苹果 1 个、甜柿子 1 个、橘子 1 个、黄瓜
1/2 根、胡萝卜 1/4 根、鸡蛋 1 个

蛋黄酱芥末调味汁：蛋黄酱 4 大勺、芥末
酱 1 小勺、柠檬汁 1 大勺、白砂糖 1 大勺、
食盐 1/2 小勺、胡椒粉少许

制作过程

01　将苹果、甜柿子、橘子去皮后切成 2cm 见方的小块。

02　将黄瓜和胡萝卜切成 1.5cm 见方的小块。

03　鸡蛋煮熟后将蛋白切成小块；将蛋黄放在筛子上，用勺子按压
　　过筛（图 1）。

04　将水果、蔬菜及蛋白放在碗中，将蛋黄酱芥末调味汁的各原料
　　混合均匀后淋在上面并搅拌均匀，最后撒上过筛的蛋黄（图 2）。

贴心叮咛

· 蛋黄还可以混合在调味汁中。

地中海式健康沙拉

制作地中海式沙拉时，
尽量少用调味料。
简单放入新鲜的橄榄油和食醋后，
就能直接食用。

地中海式调味汁

材料

菠菜 10 株、双孢菇 4 个、青椒 1/4 个、
红椒 1/4 个、洋葱 1/4 个
地中海式调味汁：橄榄油 3 大勺、意大
利香醋 1 大勺、食盐少许

制作过程

01 将菠菜用水浸泡后洗净，切去根部，并一片片分开（图 1）。

02 将双孢菇切成片（图 2）。

03 将青椒、红椒及洋葱切成丝。

04 将所有食材放入碗中，再淋上地中海式调味汁的各原料，搅拌
均匀。

1

2

贴心叮咛

· 根部茂盛的菠菜要放入冷水中浸泡，以除去根部的异物。

· 除了菠菜和双孢菇，其他蔬菜最好不要放太多。如果喜欢吃酸的，
可以根据个人口味淋上意大利香醋或白醋。

炼乳和芥末酱制成的炼乳芥末调味汁
味道柔滑香甜，
可以用来制作沙拉。
在炎热的夏天，
炼乳芥末调味汁搭配爽口的海鲜，
不失为一道可以改善心情的佳肴。

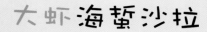

大虾**海蜇沙拉**

炼乳芥末调味汁

材料

大虾 2 只、海蜇 1 把（80g）、黄瓜 1 根、
胡萝卜 1/4 根、卷心菜 3 片、梨 1/4 个、
板栗 2 个、鸡蛋 1 个、松子粉 1 大勺
炼乳芥末调味汁：炼乳 1 大勺、芥末酱 1
大勺、水 2 大勺、食醋 2 大勺、白砂糖 1
小勺、食盐 1 小勺

制作过程

01 将大虾放在烧热的蒸锅中蒸 7 分钟左右后取出，剥皮后将虾仁切
成丁。

02 将海蜇去掉盐分后余一下，捞出后马上放入冰水中浸泡（图 1）。

03 将黄瓜、胡萝卜、卷心菜、梨洗净后均切成 1cm 厚、4cm 长的片，
放入冷水中浸泡后捞出并沥干水分。

04 将板栗切成片，将鸡蛋煮熟后切成 1cm 厚的圆片。

05 将炼乳芥末调味汁的各原料混合均匀，倒一半在大虾和海蜇上并搅
拌均匀（图 2），然后放上蔬菜，淋上剩余的调味汁并搅拌均匀，最
后撒上松子粉。

1

2

贴心叮咛

· 海蜇余过后要立刻放入冰水中浸泡，这样吃起来口感更鲜脆。

德式马铃薯沙拉

半月形的马铃薯拌上清淡的马铃薯调味汁，
一盘德式马铃薯沙拉就做好了。
马铃薯在煮马铃薯的水中泡一天后再吃，
味道会更好。

马铃薯调味汁

材料

马铃薯 2 个、洋葱 1/4 个、香叶 1 片、
胡椒碎 1/2 小勺、小葱 2 根
马铃薯调味汁：煮完马铃薯的水 4 大勺、
食醋 2 大勺、橄榄油 2 大勺、食盐 1 小勺、
白砂糖 1 小勺、胡椒碎少许

制作过程

01 锅中放入马铃薯、香叶、胡椒碎及足量的水，将马铃薯煮熟（图 1）。

02 将洋葱切成丝，放入冷水中浸泡后捞出并沥干水分；将小葱切成末。

03 将煮熟的马铃薯切成半月片。

04 将马铃薯调味汁的各原料混合均匀后，淋在马铃薯和洋葱上并搅拌
    均匀（图 2）。

05 30 分钟左右后撒上小葱末。

贴心叮咛

· 将马铃薯和香料一起煮的话，马铃薯会更入味。

材料

玉米罐头 1 罐、洋葱 1/2 个、青椒 1/4 个、红椒 1/4 个、橄榄油 1 大勺、食盐、胡椒粉、西芹丁各少许

蛋黄酱：蛋黄酱 2 大勺

蛋黄酱

玉米沙拉

你是否时常担心快餐店和便利店卖的
玉米沙拉里到底放了什么料，
是什么时候制作的？
现在你可以自己在家尝试
做一道玉米沙拉了。

制作过程

01 将玉米粒汆一下，捞出并沥干水分；将洋葱、青椒、红椒切成玉米粒大小的丁，撒上少许食盐，待出水后用厨房纸吸干水分。

02 将玉米粒、洋葱、青椒及红椒放入碗中，淋上橄榄油、蛋黄酱，撒上食盐、胡椒粉及西芹丁后搅拌均匀。

卡普里沙拉

这道沙拉的外表很华丽，
但其制作方法非常简单，
无论是谁都会爱上这道沙拉。
也可以用嫩豆腐代替莫扎瑞拉奶酪，
做出一道减肥卡普里沙拉。

罗勒调味汁

材料

莫扎瑞拉奶酪 1 片、番茄 1 个、卷心菜
2 片、苦苣菜 3 片

罗勒调味汁：罗勒 1 株、大蒜 1 瓣、松
仁 2 小勺、帕玛森奶酪 2 大勺、橄榄油
3 大勺、意大利香醋 1 大勺，食盐、胡
椒粉各少许

制作过程

01 将番茄切成片，将莫扎瑞拉奶酪按照番茄片的大小切成片（图 1）。

02 将卷心菜和苦苣菜均切成合适的大小，放入冷水中浸泡后捞出并沥
干水分。

03 将罗勒调味汁的各原料放入搅拌机中搅拌，制成调味汁（图 2）。

04 将卷心菜和苦苣菜放在盘子中，再放上番茄和莫扎瑞拉奶酪，最后
淋上调味汁。

贴心叮咛

· 用新鲜的罗勒制作调味汁，味道会更好，但如果没有新鲜的罗勒，
可以用 1 小勺干罗勒代替。

用制作卡普里沙拉剩下的食材制作

卡普里烤面包

只要咬上一口，
无论是谁都会迷上这道卡普里烤面包。
抹上底料的甜甜的法式长棍面包，
配上美味的盖头，
可谓色、香、味俱全。

 材料

法式长棍面包（小的）1 个、莫扎瑞拉奶酪
1 片、圣女果 10 个、罗勒调味汁 3 大勺、
苦苣菜少许
底料：橄榄油 2 大勺、蒜泥 1 小勺

制作过程

01 将法式长棍面包切成厚 1cm 的面包片。

02 将底料混合均匀后涂在法式长棍面包的表面，将面包放在预热好的烤
箱中以 180℃烤 10 分钟，烤好后取出，再放在平底锅中用小火煎一下。

03 将苦苣菜切成合适的大小，放入冷水中浸泡后捞出并沥干水分。

04 将圣女果对半切开，将莫扎瑞拉奶酪按圣女果的大小切成块。

05 在法式长棍面包上涂抹罗勒调味汁，再放上苦苣菜、圣女果和莫扎瑞
拉奶酪。

图书在版编目（CIP）数据

轻食简餐 百变沙拉 /（韩）金焕斌著；徐芳丽译 . —
杭州：浙江科学技术出版社，2020.8
　ISBN 978-7-5341-9072-8

Ⅰ . ①轻… Ⅱ . ①金… ②徐… Ⅲ . ①沙拉 – 制作②
调味汁 – 制作 Ⅳ . ① TS972.118 ② TS264.2

中国版本图书馆 CIP 数据核字（2020）第 140845 号
著作权合同登记号　图字：11–2016–33 号

书　　名　轻食简餐 百变沙拉
著　　者　［韩］金焕斌
译　　者　徐芳丽

出版发行　浙江科学技术出版社
　　　　　杭州市体育场路 347 号　邮政编码：310006
　　　　　办公室电话：0571-85176593
　　　　　销售部电话：0571-85062597
　　　　　网　　址：www.zkpress.com
　　　　　E–mail：zkpress@zkpress.com

排　　版　杭州兴邦电子印务有限公司
印　　刷　浙江海虹彩色印务有限公司

开　　本　787×1092　1/16　　　印　张　10
字　　数　170 000
版　　次　2020 年 8 月第 1 版　　　印　次　2020 年 8 月第 1 次印刷
书　　号　ISBN 978-7-5341-9072-8　定　价　49.80 元

版权所有　翻印必究
（图书出现倒装、缺页等印装质量问题，本社销售部负责调换）

责任编辑　刘　雪　　　　　责任校对　马　融
责任美编　金　晖　　　　　责任印务　田　文